让现在的你，对得起未来的自己

张瀚文◎编著

中国纺织出版社

内 容 提 要

青春就应该有梦想，青春就是追逐梦想的最好时光。最好的路在前方，未来充满了无限可能，你若希望有个灿烂的明天，就要抓住今天。

这是一部写给正在人生路上默默奋斗却内心迷茫的年轻人的书，这是一本给人力量、催人奋进的书。书中告诉我们，心中有梦想就决不放弃，不必害怕经历冲突、失落、挫折，不必害怕做无用功，因为青春无悔，每个人都应该趁着青春，好好努力。

图书在版编目（CIP）数据

让现在的你，对得起未来的自己 / 张瀚文编著. --北京：中国纺织出版社，2017.7（2025.3重印）
ISBN 978-7-5180-3341-6

Ⅰ.①让… Ⅱ.①张… Ⅲ.①成功心理—通俗读物 Ⅳ.①B848.4-49

中国版本图书馆CIP数据核字（2017）第035704号

责任编辑：闫　星　　　　责任印制：储志伟

中国纺织出版社出版发行
地址：北京市朝阳区百子湾东里 A407 号楼　邮政编码：100124
销售电话：010—67004422　传真：010—87155801
http：//www.c-textilep.com
E-mail：faxing@c-textilep.com
中国纺织出版社天猫旗舰店
官方微博http：//weibo.com/2119887771
三河市金兆印刷装订有限公司印刷　各地新华书店经销
2017年7月第1版　2025年3月第6次印刷
开本：710×1000　1/16　印张：16.75
字数：198千字　定价69.80元

前言

在我们的生活中，不少人尤其是年轻人，看似忙碌，实则迷茫，他们不知道自己到底喜欢什么，到底想要什么样的生活。他们从读书到工作，从少年到青年，总是按照父母长辈们规划的道路去走，他们不敢有自己的想法，也习惯了听从别人的意见，在别人眼里，也许他们是成功的，他们工作稳定、有房有车、家有妻儿，一切行进得很平顺。然而，每当独处时，他们总是感到十分落寞、怅然若失，似乎自己的生命中缺少了些什么。

然而，也有一些人，他们的生活和境遇是完全不同的，他们认为，即便生活不富有，也不能失去自己热衷的事业。每当他们沉浸在做自己喜欢的事情中时，即便他们没车没房，也没有令人羡慕的高收入，但是他们觉得十分充实和快乐。

那么，你想做哪种人，更想拥有哪种生活呢？很明显是第二种，因为他们有梦想、在进步，他们的明天是光明的、积极的，其实，人与人命运的不同，就在于他们是否能在梦想的指引下不断向前。安于现状本身就是懒惰的表现，是主动放弃追求，不愿进步和创新。当今世界，瞬息万变，或者现在的你是成功的，但随着时间的流逝，大家都在进取的同时，你却停滞不前，你就落后了，如果你意识到这种落后的存在却又不愿意奋起直追，那么就只能过这种平淡乏味的生活了。

其实，每一个人都心存梦想，都有自己向往的生活，但如果你畏首畏尾、只是幻想而不付诸实践的话，那么，你只能在一片幻想的迷途中越陷越深。因为成功与胆量有着莫大的关系，有胆量的人才有资格拥有成功。

也许现在的你也感到困惑，原本你有着固定的工作，但是你却不热爱，提不起兴趣，你也许会犹豫要不要放弃稳定工作做自己喜欢的事情。

事实上，人的一生，能找到自己喜欢的事情是幸运的。做自己喜欢的事，才会生活得有趣，才可能成为一个有意思的人。当你不计功利地全身心做一件事情时，你所产生的愉悦和成就感其实就是最大的收获，你会是开心的、满足的，你才会生活得更美好。

然而，你是否觉得急需一个导师帮助自己重新规划人生？是否觉得无从下手？本书就是一本给人力量、催人奋进的正能量书。它让你懂得规划自己的人生，让你懂得在灯红酒绿的社会中找到自己的位置，让你敢于突破自己，不患得患失，该出手时就出手，看完本书，你会获得力量，会找到自己热爱的事业，最终驾驭自己的人生，实现自己的人生价值！

编著者

2016 年 11 月

目　录
CONTENTS

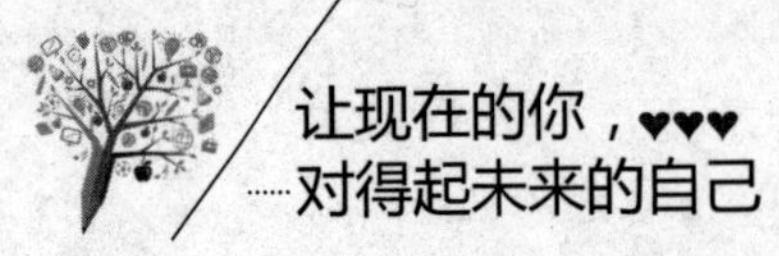

第一章

现在的你，决定将来的自己

谁都知道，世间最抵挡不住的就是时间，就是青春，青春美好，青春有热血，青春有快乐和痛苦，但青春易逝，须臾间年华老去，任何一个年轻人，都要在年轻的时候为未来打算，人生初期，一定要努力学习，因为现在的你，决定将来的自己，诸事蒙昧，难免摸索，任性地拒绝学习，就是冒险，因为赌的是未来的人生，自己也失去了改变的可能。

未来你是谁，取决于现在变成谁

在刘易斯·卡罗尔的作品《爱丽丝漫游奇境记》中，有这样一段猫和爱丽丝的对话，十分有趣：

“请你指点我，我要走哪条路？”

猫回答爱丽丝：“那要看你想去哪里？”

“去哪儿无所谓。”爱丽丝回答。

“那么走哪条路也就无所谓了。”猫说。

这一对话寥寥数语，但却耐人寻味。任何人，在心中无梦想、无目标的情况下，自己不知道该怎么走前面的路，别人也无法帮助你，当自己没有清晰的梦想时，也就没有努力的方向。

我们在生活中，也经常听到人们说，“思想有多远，就能走多远”，这句话虽然有点夸张，但却道出了思想对行动的指导作用。同样，一个人能走多远，关键取决于我们的思想，也就是说，你是谁不重要，重要的是现在你正在成为谁而努力，如果你心有梦想，就能找到自己的方向，就能制定出明确的目标，并为实现自己的目标而奋斗，最后成为你想成为的人。

下面一个简单的故事，蕴含了一个深刻的道理，它告诉我们——梦想对于一个人的行动和未来多么重要。

很久以前，在一个偏僻的小山村里，有一对堂兄弟，他们年轻力壮，都雄心勃勃。他们渴望成功，希望有一天能够成为村里最富有的人。

一天，村里决定雇用他们二人把附近河里的水运到村广场的水缸里去。这对他们来说真是一份美差，因为每提一桶水他们就能赚取一分钱，这在小镇人看来是最好的工作了。两个人都抓起两只水桶奔向河边。

“我们的梦想实现了！”表哥布鲁诺大声地叫着，“我们简直无法相信我们的好福气。”

但是表弟柏波罗不是非常确信。他的背又酸又痛，提那重重的大桶的手也起了泡。他害怕明天早上起来又要去工作。他发誓要想出更好的办法。

几经琢磨之后，表弟决定修一条管道将水从河里引到村里去。他把这个主意告诉了表哥，但是表哥觉得他们现在做着全镇最好的工作，不愿意花那么长的时间去修一条管道。

柏波罗并没有气馁，他每天用半天时间来提水，半天时间修管道，并且始终耐心地坚持着。

布鲁诺和其他村民开始嘲笑柏波罗。布鲁诺赚到比柏波罗多一倍的钱，炫耀他新买的东西。他买了一头驴，配上全新的皮鞍，拴在他新盖的二层楼旁。

他买了亮闪闪的新衣服，在乡村饭店里吃可口的食物。村民们称他为布鲁诺先生。当他坐在酒吧里，为人们买上几杯，而人们为他所讲的笑话开怀大笑。

当布鲁诺晚间和周末睡在吊床上悠然自得时，柏波罗还在继续挖他的管道。头几个月，柏波罗的努力并没有多大进展。他工作很辛苦，比布鲁诺的工作更辛苦，因为柏波罗晚上和周末都在工作。

一天天，一月月过去了。表弟柏波罗仍然没有放弃，完工的日期越来越近了。

偶尔，柏波罗闲下来的时候，他看了看布鲁诺，他发现，布鲁诺还在费劲地运水。布鲁诺似乎一下子苍老了很多，背都驼了，步伐沉重起来了，并且，他开始产生抱怨情绪，总是气呼呼的，他不想就这样一辈子运水。

布鲁诺再也不会因为他有大把的时间在吊床上睡觉而感到惬意了，他喜欢泡在酒吧里，现在，当布鲁诺出现的人们面前时，人们都会在背地里议论他：“提桶人布鲁诺来了。”那些无聊的醉汉们还模仿布鲁诺驼着背走路的样子，布鲁诺羞愧难当，也不再给别人买酒，那些曾经的笑话现在在他看起来就是最大的讽刺。

而此时，表弟柏波罗正在接近成功，很快，管道完工了！村民们纷纷前来看新管道是怎样运行的，他们看到，清澈的水从管道流入水槽里，整个村庄都有了新鲜的水，因为这条管道，其他村庄的人也都陆续搬到这个村来。

管道一完工，柏波罗不用再提水桶了。无论他是否工作，水源源不断地流入。他吃饭时，水在流入。他睡觉时，水在流入。当他周末去玩时，水在流入。流入村子的水越多，流入柏波罗口袋里的钱也就越多。

管道人柏波罗的名气大了，人们称他为奇迹创造者。

人们常说，鱼与熊掌不可兼得，其实，做任何事情都是如此，想要日后达成目标，现在就要忍受痛苦。

的确，梦想可以燃起一个人的所有激情和全部潜能，载他抵达辉煌的彼岸。我们每个人，都要在年少时为自己树立一个梦想，最重要的是，无论你拥有什么样的理想，都不要轻易舍弃它。只有坚持，你才能最终用自己的力量去创造自己的美好人生。

也许你现在还站在穷人的行列，被周围的人嘲笑，也许你受了很多痛苦，但无论你遇到什么，如果你内心有目标，就绝不可轻言放弃。

感谢那些曾经绊你一脚的人

人活于世，我们都渴望一帆风顺、事事如意，而事实上，我们总是遇到各种大大小小的烦心事，这些事也总是折磨人心，让我们焦躁不安、不得安稳，然而，人的生命就是一个破茧成蝶、不断蜕变的过程，我们的身心只有经过不断历练、折磨之后，才会变得更加坚强，生命的厚度才会因此拓宽。法国文豪罗曼·罗兰说：“从远处看，人生的不幸、折磨还是很有诗意的！一个人最怕庸庸碌碌地度过一生。”

同样，在追逐梦想的过程中，我们总会遇到一些绊住我们脚步的人，甚至他们还会在我们努力的时候踹我们一脚，此时，我们唯有放平心态、正视脚下的路，感谢他们，我们才能成为领悟成功的人。

曾经有这样一个故事：

一次，拿破仑骑马经过一片树林，却听到一阵紧急的求救声，于是，他赶紧挥起马鞭，朝着发出声音的地方奔去。

原来，声音来自于一片湖泊，他定睛一看，原来有个士兵掉进了水里，正往深水当中漂流，距离岸边大约三十米。此时，岸边还有几个士兵，但个个都心急如焚，手足无措，因为他们谁都不会游泳，眼看，这个落水的士兵就要被冲走了。

拿破仑赶来问道：“他会游泳吗？”

一个士兵回答说：“会是会，可是好像已经没有体力了，刚才还喊过救命。”

拿破仑哼了一声：“喔！”随即从侍卫长手里取过一支手枪，并大声朝落水的人喊道：“你还往当中爬什么，赶快游回来。再往前去，我就开枪把你毙了！”

说完，果然朝那人的前方开了两枪。落水的人也许是听到岸上的威胁话语，也许是听到前方子弹入水的响声，猛然地回转身来，努力扑通扑通地胡乱划着，居然很快就向岸边靠拢了。

落水的士兵得救了，同伴们都很高兴。这时才发现，站在他们身边的竟是拿破仑。被救的小伙子惊魂未定，连忙拜谢拿破仑，并不解地问：“陛下，我是不小心落到水里去的，快要淹死了，你还要枪毙我，这是为什么？你的子弹差一点就打中了我，真把我吓死啦！”拿破仑笑道：“傻瓜！不吓这一下，你才真的要淹死哩！你再往前漂去，越漂越远，你就再也回不来了。这是一个荒野深湖，周围没有居民。你看，这里几个人有谁能下水救你呀？你吓了一跳，不就回过头来自己救自己了吗？”

这位落水的士兵为什么能得救？是谁救了他？他自己还是拿破仑？从这个故事中，我们发现，有时候，那些我们恨得咬牙切齿、伤害我们的人，实际上正是我们应该感谢的人，是他们让我们懂得自救，激发我们努力、奋斗！

可以说，即使你是个人际关系很好的人，你也有几个“敌人”，或许他们就是绊倒我们的人，或许他们让我们身负重债，让你背黑锅，让你活得不清闲。这时候你光是恨，永远无法从中学到该学的，也永远不懂自己为何失败？事实上，从宏观或整个人生大格局的角度来看，你的这些仇人，也正是你的恩人。好好感谢他们吧！也许就是因为当初他们推你下水，你今天才学会“游泳”。

事实上，除了那些踹我们一脚的人，自打我们来到人世，还会遇到很多其他的麻烦、痛苦或折磨，比如，年少时，我们要面临升学压力、工作压力、生活压力，稍后，我们还可能会面临失业、离婚、破产、疾病等，这些烦心事始终都萦绕在我们周围，困扰着我们的头脑和心灵，甚至让我们寝食难安。然而只有历经这些困难的人，才能够更快、更好地成长，生活，只能在挫折中得到升华。因为如果你走的是一条平坦的大道，那么，你就失去了一个磨练自己心智的机会，若你选择了坎坷的小路，你的青春也许会充满痛苦，但人生的真谛也许就此被你打开。

没有经历过风霜雨雪的花朵，无论如何也结不出丰硕的果实。或许我们习惯羡慕他人的成功，感叹他人得到的掌声，但是别忘了，温室的花朵注定经受不住任何风雨！温室的花朵注定要失败。正所谓“台上十分钟，台下十年功”，在他们辉煌的背后一定有汗水与泪水共同浇铸的艰辛。那么，从现在起，感谢那些过去的和现在的逆境吧，即使你正在经受着某些伤害，但正是这些伤害，教会了你独立，磨炼了你的心智，激发了你的斗志！

有梦想，更要敢于革新

生活中，总有些人慨叹：其实我并不喜欢现在的生活，我有自己的梦想……谈了一大堆的计划，一大堆的梦想，可是，最后他们并没有去实践，如果这么一问，他们还会摇摇头说：不行啊，无奈啊，没办法啊……真的有那么无奈吗？既然无力改变又何必总是埋怨？如果充满埋怨、不满，又为何不去努力改变？

当你对工作、对生活有了最初的梦想，你是大胆地去实践，还是仅仅把它作为一个遥不可及的梦想，最后只能默默地埋藏在心底，到老了才感到莫大的遗憾？

在第一次世界大战期间，法国有个很著名的上校叫泰勒，当时，他任第六师师长，他的处事方式很令人钦佩。

有一次，在他的儿子向他告别时，他告诫儿子说："孩子，记住：你的姓是泰勒，泰勒这个姓代表着做事能力。你永远不可以靠边站，让出路给其他敢于冒险的人走。你要冒险向前使他们让出路来给你走。"

他继续说道："大街上行人拥挤，交通阻塞。但当呼啸的消防车飞驰而过时，大家都自动地让出路来。当然你偶尔也会感到沮丧、软弱，但这正是你需要鼓起战斗勇气的时刻。只要你迈步向前，沮丧、软弱都会躲开你。"

一个人不愿改变自己，往往是舍不得放弃目前的安逸状况。而当你发觉不改变不行的时候，你已经失去了很多宝贵的机会。任何成功都源于改变自己，你只有不断地剥落自己身上守旧的缺点，才能做到敢为人先，才能抓住第一个机会，才能实现自己的进步、完善、成长和成熟。

我们大多数人都与梦想渐行渐远。为什么呢？因为我们都认为梦想终归是梦想，只把它当成了遥不可及、无法实现的目标，而始终没有为梦想作出改变，并且，他们能找出很多为自己开脱的理由，比如，我没有足够的资金开创自己的事业；我的学历不高；竞争太激烈，做这个太冒险了；我没有时间；我的家人不支持我……而没有足够的资金，没有学历，没有这个那个，其实都是缺乏意志力的人为自己找的冠冕堂皇的借口。别忘了那句最常听说却最容易忽略的话：事在人为。

其实，我们每个人都应该为梦想而努力，只要想做，并坚信自己能成功，那么你就能做成。这正是行动的作用。世界著名博士贝尔曾经说过这么一段至理名言："想着成功，看看成功，心中便有一股力量催促你迈向期望的目标，当水到渠成的时候，你就可以支配环境了"。

路易斯大学毕业后，进入一家企业做财务工作，尽管赚钱很多，但路易斯很少有成就感，他不喜欢枯燥、单调、乏味的财务工作，他真正的兴趣在于投资，做投资基金的经理人。

在一次旅途的飞机上，路易斯与邻座的一位先生攀谈起来，由于邻座的先生手中正拿着一本有关投资基金方面的书，双方很自然地就到了有关投资的话题上。路易斯特别开心，总算可以痛快地谈论自己感兴趣的投资，因此就把自己的观念，以及现在的职业与理想都告诉了这位先生。这位先生静静地听着路易斯滔滔不绝的谈话，时间过得飞快，飞机很快到达了目的地。临分手的时候，这位先生给了路易斯一张名片，并告诉路易斯，他欢迎路易斯随时给他打电话。

回到家里，路易斯整理物品的时候，发现了那张名片，仔细一看，路易斯大吃一惊，飞机上邻座的先生居然是著名的投资基金管理人！自己与著名的投资基金管理人竟然谈了两个小时的话，并留下了良好的印象。路易斯毫不犹豫，马上提上行李，飞到纽约。一年之后，路易斯成为一名投资基金的新秀。

这个故事中，路易斯的人生改变来自于他和这位基金管理人的结识，但如果他没有下定决心再次寻找这位投资人，想必他还在做着单调的财务工作，更不可能实现自己的梦想。

可见，勇敢地尝试新事物，作出改变，可以帮助我们发现新的机会，使你迈进从未进入的领域。生命原本是充满机会的，千万别因放弃尝试而错过机会。

事实证明，如果能够跨越传统思维障碍，掌握变通的艺术，就能应对各种变化，在变化中寻找到新机会，在变化中获取新利益。在我们的生命中，有时候必须作出困难的决定，开始一个更新的过程。只要我们愿意放下旧的包袱，愿意学习新的技能，我们就能发挥自己的潜能，创造新的未来。我们需要的是自我改变的勇气与再生的决心。

另外，在你进行尝试时，你难免会产生一种“不可能”的念头，对此，你必须从心理上超越它，只有这样，你才能站在高高的位置上，低头俯视你的问题。可见，对于梦想，如果你不敢改变现在的生活，没有超人的胆识，就不会获得超凡的成功。

五年以后的你是什么样子

我们都知道，五年的时间不算短，你能从学生变成一名成熟的社会人士，你能掌握并学习到精湛的技术，但前提是你必须要有梦想和目标，在当今，如果注意力仅仅盯着眼前的薪水，满足于手头的工作，而不去提升自己的能力，去发现更辽阔的天空，我们又怎能在未来为自己赢得一片天地呢?

我们先来假设一下，有两个年轻人，他们能力不相上下，也都一无所有，一个年轻人总是积极向上，每天干劲十足，努力充实自己，每每遇到挫折，他依然鼓励自己不能消极；另外一个年轻人，他目标模糊、满足于现状、每天浑浑噩噩、得过且过，想象一下，五年后，他们会有什么不同？

的确，尽管只是五年的时间，他们的差距已经显现出来了，前者通过自己的奋斗，已经小有财富，做人办事顺风顺水，事业越做越大、春风得意；而后者，稍微遇到一些问题，便慨叹自己解决不了，每天活在抱怨中，常常为生计、金钱而苦恼。

这两种人，你想做哪种？当然是第一种！任何人，都希望实现自己的梦想，都希望过上自己喜欢的生活，然而，如果你现在不开始努力的话，一切都是空谈。

任何一个有一番作为的人，无不是认识到了只有努力才能改变现在的状态，只有努力才能营造出美好的五年，其实，只要你从现在开始努力，只需要五年的时间，你的生活和生存状态就会发生翻天覆地的变化。

杰斐逊是一名普通的汽车修理工，靠这份工作勉强生活，但是他的目标并不在此，他希望能拥有一份更好的工作。

一次，他打听到，汽车城底特律正在招聘员工，他心想，可以前去试试。当时招工启事上所写的招聘日期是星期一，所以，他在前一天下午就到了底特律城。

晚饭后，一个人待在旅店里，他突然静下心来，开始想到很多事，很多过去经历的事像电影般在脑海中播放了一遍。突然间，他感到一种莫名的烦恼，他认为自己头脑灵活、做事勤快，为什么到现在一事无成呢？

接下来，他从包里拿出纸和笔，然后写下了几个人的名字，这些人和自己年纪相仿、认识已久，关键是比自己优秀，其中两位曾是他的邻居，而如今却搬到富人区了，还有两位是他以前的老板。

他扪心自问：与这四个人相比，到底自己在哪方面不如他们？自己真的笨吗？倒不尽然，经过很长一段时间的反思，他找到了问题的症结——自己性格情绪的缺陷。他承认，在这一方面，自己确实不如他们。

想着想着，竟然已经到了凌晨三点多，他却越发睡不着，他觉得这些年来，他第一次认清了自己，看到了自己致命的缺点：很多时候不能控制自己的情绪的缺陷，如爱冲动、自卑，不能平等地与人交往等。

所以，他为这一问题检讨了一晚上，他才发现，自己是一个极不自信、妄自菲薄、不思进取、得过且过的人；他总认为自己无法成功，也从不认为能够改变自己的性格缺陷。

最终，他下定决心，从那一刻开始，绝对不再自贬身价，认为自己不如人了，只有先完善自己的性格缺陷，才有可能变得优秀。

第二天一大早，他抬头挺胸来到了这家公司，信心满满地前去面试，顺利地被录用了。在他看来，之所以能有这样一个工作机会，就是因为头一天晚上他做了自我检讨并认识到了自信的重要性。

在走马上任的两年内，杰斐逊逐渐变成了一个受大家欢迎而且能力出众的人，大家都喜欢这样一个乐观、自信和积极热情的人，两年后，他加了薪水，又升了职，成为一个小有成就的人。

生活中，很多人像曾经的杰斐逊一样，忙忙碌碌，日复一日，固定的生活模式成了一种必然，但成功却没有青睐他们，为什么会这样呢？之所以造成这种结果，很大一部分原因在于我们的目光看得不够远。俗话说，精明的人看得懂，高明的人看得远。对于那些身处职场的人来说，即便你从财务那里领到的薪水再多，也是来源于老板的，而那些看得远的人则不仅看到自己的薪水，更懂得经营自己的未来，让财路源源不断。

可能很多人一直感叹于他人的成功，也很容易想象自己勇敢的时候是什么样了。但是当突然需要他们拿出勇气时，他们却有点不知所措：他们其实一点也不勇敢，他们还会因为恐惧而感到忧心。我们甚至可以用“意志薄弱”“两腿打颤”“脚底发凉”以及“战战兢兢”等词语来描述他们畏惧时的心态。事实上，我们每个人人生路都需要勇气，但却因为畏惧而退缩了，这才是人生的悲剧。去做你所恐惧的事，这是克服恐惧的一大良方。

绝境是弱者的绊脚石，也是强者的助推器

我们都知道，在人生道路上，困难和挫折是难免的，尤其是希望有一番成就的人们，更要有心理准备，人生会起起伏伏，我们无法预料，但是有一点我们一定要牢牢记住：绝境能吞噬弱者，也能造就强者。当你遇到逆境时，千万不要忧郁沮丧，无论发生什么事情，无论你有多么痛苦，都不要整天沉溺于其中无法自拔，不要让痛苦占据你的心灵。即便身处绝境，我们也要有勇气直面困难并且做到一直向好的方向行进，这才是一种努力达到和谐的状态，那么，你最终将战胜困难，走出困境。

人们常说“置之死地而后生”。为什么生命在“死地”却能“后生”？就是因为“死地”给了人巨大的压力，并由此转化成了动力。没有这种“死地”的压力，又哪有“后生”的动力？这一点，也向我们证明了困境的激励作用。

实际上，上天对我们每个人都是公平的，为什么有些人能攫取成功的果实，有些人却只能甘于平庸？其中一个很大的原因就在于他们是否有走出困境的毅力。命运在为我们创造机会的同时，也为我们制造了不少“麻烦”。此时，如果倒下了，那么你也就失去了成功的机会；如果你经过挫折、失败的锤炼后变得更加坚强，那么你就是真正的强者。

从小时候开始，她就与别的女孩不同，小儿麻痹症让她不能像其他孩子一样蹦蹦跳跳，就连基本的行走动作，她都完成不了。

因为身体上的缺陷，她极度自卑和忧郁，医生说只要她能积极起来、做点运动，是有助于她恢复健康的，但她完全不以为然。时间一天天过去，她慢慢在长大，她越来越自卑，甚至不愿意接触周围的人。但也有个例外的情况，她和她的邻居老人关系很好，这个老人在战争中失去了一只

胳膊，但却一直很乐观，也常常给她讲一些故事。

这天，老人用一只胳膊推着她去附近的幼儿园散步，他们被孩子优美而充满童真的歌声打动了。歌曲唱完时，老人说："多么优美的歌声，我们为他们鼓掌吧！"

听完老人的话，她很吃惊地说："我的胳膊动不了，而你只有一只胳膊，怎么鼓掌啊？"

老人对她笑了笑，然后用仅有的一只手解开了纽扣，露出胸膛，用手掌拍起了胸膛……

她愣住了，但却知道了一些道理。晚上的时候，她请求父亲帮忙，写下了这样一行字贴在墙上："一只巴掌也能拍响。"

她被鼓舞了，从那之后，她开始配合医生做运动。这是一个艰苦的过程，但她一直咬牙坚持着，终于，所有的努力开始有了成效，她有了一点进步。她继续努力着，有时候，当她的父母不在时，她干脆扔掉支架，试着自己走路。

蜕变的痛苦总是痛苦的，但她有一个信念：一定要和别的孩子一样在草地上走着、跑着……在她11岁时，她终于扔掉支架，认为自己有更大的潜能，她开始锻炼打篮球和参加田径运动。

1960年，她参加了罗马奥运会女子100米跑决赛，她获得了11秒18的出色成绩，在她冲向终点的一刹那，人们都纷纷站起来为她喝彩，这个美国名字震撼了所有人：威尔玛·鲁道夫。从此，威尔玛·鲁道夫被人们称为当时世界上跑得最快的女人，她共摘取了3枚金牌，也是第一个非洲裔美国人奥运女子百米冠军。

从威尔玛·鲁道夫的故事中，我们每个人其实都应该明白一个道理：任何时候，只要不放弃希望，哪怕只剩下一只胳膊，也可以为自己鼓掌，为生命喝彩。任何时候都不要放弃梦想，要说成功有什么秘诀的话，那就是坚持，坚持，再坚持！

科学家贝佛里奇也曾说过："人们最出色的工作往往在处于逆境的

情况下做出。思想上的压力，甚至肉体上的痛苦都可能成为精神上的兴奋剂。”因此可以说，挫折是造就人才的一种特殊环境。“自古英雄多磨难。”历史上许多仁人志士在与挫折斗争中作出了不平凡的业绩。因此，渴望成功的人们，任何时候都不要放弃希望，哪怕处于人生的绝境中，只要你满怀希望，就能绝处逢生。

当我们面临考验之际，往往以为已经到了绝境，但此时，不妨静下心来想一想，难道真的没有机会了吗？当然不，只要你满怀希望，你会发现，你现在经受的只是一个考验，考验过去就是光明，就是成功。

当然，要走出困境，关键还在于我们自己。古语云：“自助者，天助之。”把别人的帮助当作希望，往往只是一种被动的奢求，外界的帮助使人更加脆弱，自助却使人得到恒久的鼓励。

有一个穷人为农场主做事。有一次，穷人在擦桌子时不小心碰碎了农场主一只十分珍贵的花瓶。

农场主向穷人索赔，穷人哪里能赔得起。最后被逼无奈，只好去教堂向神父讨主意。神父说：“听说有一种能将破碎的花瓶粘起来的技术，你不如去学这种技术，只要将农场主的花瓶粘得完好如初，不就可以了。”

穷人听了直摇头，说：“哪里会有这样神奇的技术？将一个破花瓶粘得完好如初，这是不可能的。”神父说：“这样吧，教堂后面有个石壁，上帝就待在那里，只要你对着石壁大声说话，上帝就会答应你的。”

于是，穷人来到石壁前，对石壁说：“上帝请您帮助我，只要您帮助我，我相信我能将花瓶粘好。”话音刚落，上帝就回答了他：“能将花瓶粘好，能将花瓶粘好……”

穷人听后希望倍增、信心百倍，于是辞别神父，去学粘花瓶的技术了。

一年以后，这个穷人通过认真的学习和不懈的努力，终于掌握了将破花瓶粘得天衣无缝的本领。他真的将那只破花瓶粘得像没破碎时一般，还给了农场主。所以他要感谢上帝。神父将他领到了那座石壁前，笑着说：

“你不用感谢上帝，你要感谢就感谢你自己。其实这里根本就没有上帝，这块石壁只不过是块回音壁，你所听到的上帝的声音，其实就是你自己的声音。你就是你自己的上帝。”

和故事中的这个穷人一样，当身处困境时，你要记住，没有人能解救你，除了自己拯救自己。其实每个人都有拯救自己的能力，许多人走不出人生或大或小的阴影，是因为他们没有耐心找准一个方向坚持走下去，直到眼前出现新的洞天。

法国作家巴尔扎克说：“挫折就像一块石头，对于弱者来说是绊脚石，让你怯步不前；而对于强者来说却是垫脚石，使你站得更高。”只有抱着崇高的生活目的，树立崇高的人生理想，并自觉地在挫折中磨炼，在挫折中奋起，在挫折中追求的人，才有希望成为生活的强者。

所以，世界上没有任何事情是不可能的，如果你有成就事业的强烈愿望，你已经成功了一半，剩下的就是用你的心去实现它了。

不放弃，你总会变得很棒

我们任何人都知道，人生旅途上沼泽遍布，荆棘丛生。也许会山重水复，也许会步履蹒跚，也许，我们需要在黑暗中摸索很长时间，才能找寻到光明……但这些都算不了什么，一个心中有梦想的人，都会坚信一点，总有一天，他们会变得很棒，所以，你也只有做到不放弃，知道自己要什么，该干什么，那么就应该勇敢地去敲那一扇扇机会之门。

里根生在一个极其普通的家庭，全家四口人只靠父亲一人当售货员的工资维持生活。生活的艰辛磨炼了里根的意志，也使他产生了出人头地的强烈愿望。

里根大学毕业后，想试着在电台找份工作，然而，每次都碰了一鼻子灰。最后，里根驾车行驶了70英里来到特莱城，试了试爱荷华州达文波特的电台。电台主任让里根站在一架麦克风前，凭想象播一场比赛。由于里根的出色表现，他被录用了。

在回家的路上，里根想到了母亲的话："如果你坚持下去，总有一天你会交上好运。并且你会认识到，要是没有从前的失望，那是不会发生的。"

这次求职成了里根人生旅途的新起点。它使里根懂得，一个人只要有信心，能把握自己该干什么，那么就应该勇敢地敲那一扇扇机会之门。

事实证明，任何一个目标肯定的人，都不会迷茫，更不会中途放弃。一个人要想获得人生的幸福，那么每一天都应该勤奋工作。付出不亚于任何人的努力是一个长期的过程，只要坚持就一定能够获得意想不到的成就。

下面这个简单的故事，却蕴含了一个深刻的道理，它告诉我们——坚持在追求梦想的过程中是多么重要。

1819年，在横跨得克萨斯州的火车上，一个瘦高个子，大约13岁的男孩，正在卖报纸和雪茄烟。当旅客们谈论有关投资方面的事情时，这个男孩总会全神贯注地听着。

这个卖报的孩子叫作威廉，他希望成为一个预测未来的交易商。过往的人纷纷嘲笑他："噢，祝你好运，没有人能预测未来。"

为了这个梦想，长大后的威廉整天躲在狭小的地下室里，将数百万根K线一根根地画在纸上，贴到墙上，接下来便对着这些K线静静地思索，有时他甚至能面对着一张K线图发几个小时的呆。

后来他干脆把美国证券市场有史以来的记录搜集到一起，在那些杂乱无章的数据中寻找着规律性的东西。由于没有客户，挣不到薪金，这个美国人许多时候不得不靠朋友的接济勉强度日。

这样的情况在他的世界延续了6年。这6年，威廉集中研究了美国证券市场的走势与古老数学、几何学和星象学的关系。

6年后，他发现了有关证券市场发展趋势的最重要的预测方法，他把这一方法命名为“控制时间因素”。他在金融投资生涯中赚取了5亿美元，成为华尔街上靠研究理论而白手起家的神话人物。

他叫威廉·江恩，是世界证券行业尽人皆知的最重要的“波浪理论”的创始人。

成功需要梦想，梦想需要坚持，这是一个最原始也最简单的真理。诺贝尔奖获得者巴斯德曾豪迈地宣称：“告诉你达到目标的奥秘吧，我唯一的力量就是我的坚持精神。”需要持之以恒的原因就在于，世上凡是有价值的事情通常都有一定的难度，不可能一蹴而就，因此只有持之以恒才能完成。

在我们的生活中，也有不少人，都有自己的梦想，但紧张的工作，可能会让你搁浅心中的梦想。但你是否发现，正是因为你失去了梦想，你才会显得无力，没有热情。任何人的潜能的激发只有具有一个伟大的动力，才会被最大限度地激发出来。而在这个过程中，最为重要的就是在面对压力、挫折、困难时是否有继续向前的愿望和动力，任何想要成功的人，他首先要学会的就是坚忍不拔，要能够超越失败，成功才会离你越来越近。

60年前，在加拿大，有一位叫让·克雷蒂安的少年，他曾因疾病而落下口吃的毛病，嘴角畸形，更严重的是，他还有一只耳朵失聪。后来，有一位医生告诉他，在嘴里含着石子能矫正口吃，于是，他就每天在嘴里含着一颗石子练习讲话，一段时间以后，嘴巴和舌头都流血了，疼痛难忍。

母亲看到后，十分心疼，他对儿了说：“孩子，不要练了，妈妈会一辈子陪着你。”但克雷蒂安摇摇头，然后替母亲擦干眼泪，十分坚定地说：“妈妈，听说每一只漂亮的蝴蝶，都是自己冲破束缚它的茧之后才变成的。我一定要讲好话，做一只漂亮的蝴蝶。”

克雷蒂安的努力最终有了成效，终于，他能够流利地讲话了。他勤奋学习，学习成绩优异，还获得了周围人的赞赏。

1993年10月，克雷蒂安参加加拿大总理大选时，他的对手大力攻击、嘲笑他的脸部缺陷。对手曾极不道德地说：“你们要这样的人来当你的总理吗？”然而，对手的这种恶意攻击却招致大部分选民的愤怒和谴责。当人们知道克雷蒂安的成长经历后，都给予他极大的同情和尊敬。在竞选演说中，克雷蒂安诚恳地对选民说：“我要带领国家和人民成为一只美丽的蝴蝶。”结果，他以极大的优势当选为加拿大总理，并在1997年成功地获得连任，被国人亲切地称为“蝴蝶总理”。

一个口吃少年变成人人敬仰的“蝴蝶总理”，他真的如蝴蝶一样，实现了自己人生的蜕变。这也验证了一句话：“总有一天，你会变得很棒的！”就如阳光总在风雨后一样，那些看清方向并一如既往坚持的人，他们总能看到困难中的机遇，同时克服机遇中的困难，他们总是在坚持理想，脚踏实地，持之以恒，最终获得更好地垫高自己的契机。

蜗牛再慢，有一天也会成功

我们每个人都是有梦的，自孩提时代开始，我们都在编织着属于自己的梦。梦想，就像我们人生的航标，黑暗中指引我们前进的明灯。追求梦想的过程是艰辛的，有的人甚至是用一生来完成一个梦，但无论如何，只要我们坚持梦想，不轻易放弃，即便是慢吞吞的蜗牛也能成功。所以，任何一个还在追梦路上的人，都别担心，只要你有梦想，慢一点完成也会成功。伟大的发明家爱迪生就是一个从不言败的人。

他曾经长时间专注于一项发明。对此，一位记者不解地问：“爱迪生先生，到目前为止，你已经失败了一万次了，您是怎么想的？”

爱迪生回答说：“年轻人，我不得不更正一下你的观点，我并不是失败了一万次，而是发现了一万种行不通的方法。”

在发明电灯时，他也尝试了一万四千种方法，尽管这些方法一直行不通，但他没有放弃，而是一直做下去，直到发现了一种可行的方法为止。他证实了大射手与小射手之间的唯一差别：大射手只是一位继续射击的小射手。

事实证明，任何一个取得成功的人，都是因为他付出了超乎常人的努力。一个人要想获得人生的幸福，那么每一天都应该勤奋工作。付出不亚于任何人的努力是一个长期的过程，只要坚持就一定能够获得意想不到的成就。

约翰是个很勤奋的小伙子，在获得企业管理的硕士学位后，他就在一家国际性的化学公司工作。因为学历相当，刚进公司，他就被安排在了管理层的职位上，这令很多人不满，尤其是那些和他年纪相当的小伙子们，因为他们还在基层摸打滚爬，为了服众，约翰请求也从基层做起，这令上司很欣赏。

但约翰并不聪明，甚至是笨拙的，在很多业务问题上，他总是做得很慢。约翰的迟钝是明显的，为此，他的上司也开始为他着急："抓紧点，约翰，动作快一些！"

然而，约翰的速度似乎还是那么慢条斯理，永远都不着急。看到约翰蜗牛般的速度，同事们开始不满，并用各种语言嘲笑他："如果约翰去当邮递员的话，那么，我们永远别指望收到东西了。"

即使他们这样说，约翰并没有生气，也没有说任何话，依旧按照自己的进度工作、学习。

不知不觉，约翰来公司已经半年了。公司决定举行一场专业知识和业务能力考试，而第一名将会被选拔为公司储备干部。

令大家奇怪的是，平时少言寡语、工作速度缓慢的约翰却一举夺得了第一名，此时，同事们才明白，做得多才是成功的硬道理。

故事中的约翰是个争气的职场新人，他做事慢条斯理、不缓不慢，好像一只慢吞吞的蜗牛，他看似愚笨，甚至被对手嘲笑，但他专心做自己的事，最终，他用行动证明了自己才是最优秀的，这是一种值得每个渴望成功的人学习的精神。

的确，当今社会是一个快节奏的社会，凡事讲究效率，在城市的高楼大厦中，人们都希望在最快的时间内取得事业的成功，然而，任何目标的完成绝不是一蹴而就的，更别说梦想的实现，更需要我们付出努力，做到坚持，做到干一行，爱一行，才能在该领域内取得成就。

然而，现实生活中，我们发现，有这样一群人，他们似乎总是心浮气躁，他们有太多的空想，他们要么同时对很多事都感兴趣，要么当手头事出现阻碍时就把目标转移，但是，任何目标的实现，不仅需要耐心的等待，还必须坚持不懈地奋斗和百折不挠地拼搏。切实可行的目标一旦确立，就必须迅速付诸实施，并且不可发生丝毫动摇。

为此，我们需要明白一个道理，慢吞吞的蜗牛也能取得成功，切忌心浮气躁。不要有太多的空想，而要专注于眼前的工作。在生活中的多数情况下，对枯燥乏味工作的忍受和含辛茹苦，应被视为最有益于人身心健康的原则，为人们所乐意接受。阿雷·谢富尔指出："在生活中，唯有精神的肉体的劳动才能结出丰硕的果实。奋斗、奋斗，再奋斗，这就是生活，唯有如此，也才能实现自身的价值。我可以自豪地说，还没有什么东西曾使我丧失信心和勇气。一般说来，一个人如果具有强健的体魄和高尚的目标，那么他一定能实现自己的心愿。"

包维尔自小就十分喜欢摄影，大学毕业后，他对摄影的喜欢到了痴迷的程度，无心去挣钱工作。从此包维尔过着简单的生活，从不理会自己的生活是富有还是贫穷，只要能够摄影也就足够了。他穿着破裤子，吃着最简单的汉堡包。在别人眼里，他是困苦贫穷的象征。而包维尔自己却过得异常快乐。

27岁时，他的人物摄影技术登峰造极，成为世界公认的人物摄影大师，并为英国首相拍摄人物照，从此一发而不可收。至今为全世界一百多位总统、首相拍过人物摄影。请他摄影的世界名流更是数不胜数，排队等候一两年是常事。包维尔是一个真正的世界顶尖级摄影大师。

从包维尔的故事中，我们得知，追求人生目标，只有内心平静，才能从容不迫、不骄不躁地沉淀自己，才能最终有一番成就。

通常来讲，越是有所追求、越是想干点事的人可能遇到的烦恼和痛苦就越多，凡是达观一点，看开一点，相信自己，终会心想事成。所以，对于你所追求的目标，不妨多给自己一段时间，慢慢来，你最终也会收获颇丰！

最好的“报复”，是幸福给伤害过你的人看

人生轨迹中会相遇两种人：一种人是帮助你的人，另一种人是伤害你的人。对于帮助你的人要怀有感恩之心，而对于他人的伤害，最好的“报复”方法是一笑置之，并幸福给对方看，时过境迁，当你再回头看当初的伤害，你会感谢自己曾经作出的明智选择。

其实，人活于世，难免会受到一些伤害，有些伤害可以通过法律途径解决，而有些伤害，一般来说，是没有什么机构可以为你伸冤叫屈的。面对他人带给你的伤害，你是会把它滞留在心里还是一笑而过呢？

你绝对不能因此而生气，更不能大动肝火，如果真这样，那么，事情不但会越描越黑，还会让彼此的关系恶化，另外，我们也会陷入无尽的心灵监牢中。其实，如果你能懂得包容的智慧，寻找出一些宽心的良方，你就能原谅他人，也能让自己的心豁然开朗。

富兰克林出生在一个世代打铁的工匠家庭，12岁的小富兰克林后来流落到费城，有一个叫凯谋的阴险狡猾的人雇用富兰克林帮他管理印刷厂。当时富兰克林已经是一个熟练工人，他想，既然答应接受这份工作，就应该尽力做好。于是，他每天教其他工人一些技术，甚至把自己发明出来的制作字模的方法也传授给了这些人。

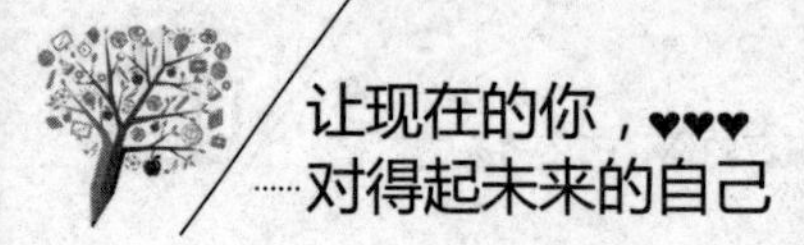

过了一段时间，凯谋发现自己廉价雇用的工人已经基本掌握了排版印刷技术，于是就开始无缘无故找富兰克林的麻烦，无端克扣他的工资。富兰克林说：“凯谋，别绕弯子了，你可以赶我走，不过，你放心，我富兰克林不会因为你的卑鄙就传授给他们错误的技术，将来你解雇他们的时候，他们凭借自己的手艺也可以很容易地找到工作。”说完，富兰克林收拾行李就离开了工厂。

富兰克林的做法是对的，不与卑鄙小人置气，选择离开，是避免伤害的最好办法。人生需要更多的智慧，人生也必须有智慧能力解决问题。不以消灭对方或简单暴力结束彼此关系，可以给自己和冲突方最大的回旋余地，何乐而不为？比如，对待一个长舌妇，以牙还牙就失去了身份。一笑而过、沉默不语也未必不是一种很好的还击方法，必将使之气滞羞愧。

在日常生活中，难免会发生这样的事：亲密无间的朋友、爱人，无意或有意做了伤害你的事。你是选择宽容他，还是悄悄诀别，或报复对方？有句话叫“以牙还牙”，当人们被人欺骗或者伤害的时候，似乎这后两者更符合人们的心理，但你想过没有，你这样做，难道真的能发泄内心的不快？“冤冤相报何时了”，你这样做，怨会越结越深，仇会越积越多，你自己也会为之付出沉重的心理代价：你寝食难安，放不下那所谓的仇恨。那么，既然如此，为什们不放过自己的内心呢？如果你能表现出自己大肚能容的大家风范，即使受到了“切肤之痛”，依然能慷慨地宽容对方，你的形象瞬时就会高大起来，你的宽宏大量、光明磊落就会使你的精神达到一个新的境界。

的确，人世万般仇恨，皆源于仇恨者本身，能引导其脱离仇恨的明灯，也唯有那颗始终不忘自我救赎的心。如果你不学会原谅，就会活得痛苦，活得累。原谅是一种风度，是一种情怀。原谅是一种溶剂，一种相互理解的润滑油。原谅像一把伞，它会帮助你在雨季里行路。有时候，原谅对方，也就救赎了自己。所以，面对别人的伤害，我们要幸福，如何幸福，就要做到以下方面：

要坚强起来。逆境中能磨炼人的意志，让人变得更加坚强，我们要发誓，一定要让别人看看，看看让别人骄傲的一面。痛过之后我们要更加珍惜现在所拥有的一切，加倍努力完成自己心中的目标，在伤害下激励自己前进。

要逐渐成熟起来。以前的我们天真无邪，当我们发现自己错了的时候付出的是惨重的代价，权当是一次次花钱免灾，花钱买教训，虽然学费昂贵了一点，但它让我们懂得了什么是人生，什么是生活，今后遇到类似情况我们会三思而后行，会把问题考虑得周全一些，不让它们来伤害自己，同时自己也不去伤害别人。

在被伤害后，我们要成长起来。我们最终学会如何说话，学会如何应对别人的谎言，学会如何在虚情假意中识破欺骗，学会如何识别肝胆相照的朋友。我们把这种伤害变成了激发我们的斗志和工作热忱，于是一步一步走向成功。

他人的伤害更应该让我们懂得包容和理解别人。因为一个人如果一生都生活在仇恨中，那么他的一生是很悲惨的，因为他一心想着去报复那些曾经伤害过自己的人，他的心中只有复仇，这股复仇的火焰燃烧他自己的同时也燃烧着别人。一个人的心灵每时每刻都不快乐，他还有什么快乐可言！所以快乐是一种包容和理解。

总的来说，在他人的伤害面前，我们应该变得更加勇敢和坚强，只有快乐、幸福，才是对曾经伤害过我们的人的最大报复。

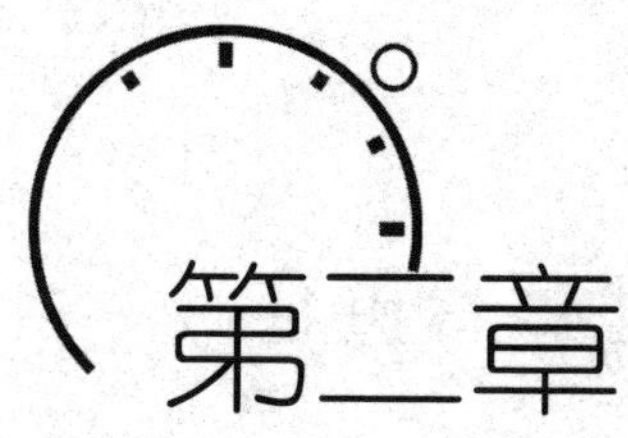

第二章

马上行动，从来没有太晚的开始

在我们的生活中，人人都有梦想，但是最终能实现的人却很少，究其原因，失败者是思想上的巨人、行动上的矮子，他们总是为自己找很多借口，比如“来不及了”“年纪大了”等，而成功者则完全相反，因为他们深知只要有梦想，只要去做，何时都不晚。历史上那些大器晚成的成功者也告诉我们一个道理，成功不在于起步时间的早晚，也不在于年龄的大小，只要我们为成功付出了相当的努力，成功就会来到我们身边。也就是说，一旦有了自己的梦想或者目标，就要立刻着手行动，不要拖延，不要想着以后，也没有什么来不及的，因为现在就是最好的开始。

你的内心深处埋藏着黄金

一只鸟的翅膀再大，如果不努力振动，又怎能展翅高飞呢？一个人的才能再高，如果不努力拼搏，又怎能走向成功呢？一个国家的物产再丰富，如果不努力发展，又怎能屹立于世界民族之林呢？这一切都说明：再伟大的目标也要建立在行动的基础上。其实，对于梦想的实现也是如此，每个人的内心深处都埋藏着黄金，唯有行动，才能让我们释放潜能、发光发热。

然而，生活中，人们都想成功，但却很少有人愿意为成功付出努力。而那些成功者之所以会成功，是因为他们即使害怕也会行动，而大多数人正是因害怕而没有作为。约翰·沃纳梅克——美国出类拔萃的商业家曾说过："没有什么东西你是想得到就能得到的。"成功的人与那些蹉跎人生的人的最大区别，就是——行动！如果你能追溯那些成功人士的奋斗之路，你就会感叹："难怪他会做得这么好！"什么样的行动才能获得最大的成功呢？是马上行动！只要你敢于迈出别人不敢迈的那一步，你就比别人快"半拍"，就能成为第一个吃螃蟹的人。

因此，我们每个人要想成功，就应该做到敢为人先，就要认识到行动的重要性。现代乃至未来社会，执行力就是竞争力。成败的关键在于执行。下面这个故事告诉我们行动的重要性：

有一个穷和尚和一个富和尚都住在一个偏远的地方，有一天，穷和尚对富和尚说："我想到南海去，您看怎么样？"富和尚说你凭什么去呢？穷和尚说："一个水瓶，一个饭钵就足够了。"富和尚说："我多年来就想租船沿长江南下，现在还没做到呢。你凭什么走？"第二年，穷和尚从南海归来，把去南海的事告诉了富和尚，富和尚深感惭愧。

人生目标确定容易实现难，但如果不去行动，那么连实现的可能都没有。没有行动的人只是在做白日梦，所以心动不如行动，勇于迈出行动的第一步，你成功的机会就会增大，而光想不做，你将永远没有成功的可能。

愚公的屋前有一座大山，他每天都要绕过大山，走到山的另一面。他觉得这样下去，会给他带来很多麻烦，因此就想把山移走。于是，他每天就用一点的时间去“移山”，直到他死了，“移山”的工作始终没有停止，他的子子孙孙锲而不舍。最终，大山被移到他的屋后了。愚公付出了行动，默默地耕耘，经过那么多的风雨，终于看见了阳光，这是因为他少空想，多行动。

和愚公一样，不少人心中都有一个远大的理想。然而他们往往缺乏坚定必胜的信念和顽强的拼搏精神，因此他们的目标只停留在口头上，难道这种“说话的巨人”也能轻易取得成功吗？他们经常“三天打鱼，两天晒网”，根本就不付诸行动，试问这样怎能实现远大的理想呢？

索尼公司从20世纪50年代中期开始成长。他们不断推出一些市场上不曾有过的产品，如电晶体收音机、电晶体个人专用电视机等，由于索尼公司对市场引导的先锋性，以至于每推一种新产品，其他大公司都会静观其行，如果成功了，他们马上推出相似产品上市。如此，索尼公司必须具有先锋性的创意，才保证有足够的发展动力。

某一天，索尼公司总裁盛田昭夫看到一个职员一手提着手提式录音机，一手拿着耳机，看起来不太开心，盛田昭夫问他有什么心事，他说：“喜欢听音乐，可提着听太不协调了。”一个创意很快浮现在盛田昭夫的脑子里——制一个随身能够听的录音机。在一次产品策划会议上，这个创意普遍不受欢迎，但盛田昭夫坚持尝试。不久，第一台带着小型耳机的实验品送来了，灵巧的尺度与高品质的音效使他很开心。1979年索尼推出第一台随身听。

很快地，这种小型录音机供不应求，他们借助广告来刺激销售，而且试制了不同机型，如防水、防尘机型，甚至有更多改良的机器型号。当然其效果是明显的，如著名指挥家卡拉扬、音乐名家史坦恩都找盛田昭夫订购，也正因为如此，索尼公司才跻身于全世界最大耳机制造商之列，在日本也占有将近50%的市场。

这样一个全新的市场，还担心别人的竞争吗？在他人已经涉足甚至做得如火如荼的行业里努力，远不如独自开辟一个市场更容易成功。比尔·盖茨曾经说过："微软处处领先，我之所以能成为世界首富，靠的就是不断地更新。我们要做第一个吃螃蟹的人，就要保证我们自己而不是别的什么人将我们的产品更新换代。对于一个企业来说如此，对个人来说也是如此。"

不难发现，我们生活的周围，很多人都对未来做出了各种各样的构想，但真正执行的人却少之又少。每每考虑到会有失败的可能，他们就退缩了。因为他们怕被扣上愚昧的帽子，遭到别人取笑；他们不敢爱，因为害怕不被爱的风险；他们不敢尝试，因为要冒着失败的风险；他们不敢希望什么，因为他们怕失望……这种种可能会遇到的风险，让他们畏首畏尾，举步维艰，他们茫然四顾，不知道自己的出路在何方，殊不知，如果你连第一步都不敢开始的话，你永远不可能看到追求人生目标之路上的风景。

杰克·韦尔奇曾如此说道：如果你有一个梦想，或者决定做一件事，那么，就立刻行动起来；如果你只想不做，是不会有所收获的，而你也只会落得失望的结果。

人间的事情没有一件绝对完美或接近完美，如果要等所有条件都具备以后才去做，只能永远等待下去了。如果一个人一直在想而不去做的话，根本成不了任何事。

总之，你需要记住，千里之行，始于足下；不积跬步，无以至千里；不积小流，无以成江海。凡事要想做大，都得从小处做起，从眼前最基本的事物做起。如果一个人心里有远大的理想，却不愿意一步一步去努力，那他永远不会有美梦成真的那一天。

有些事现在不做，一辈子都不会做了

生活中的人们，不知你是否有过这样的冲动，加班的周末，你突然想骑上自行车去郊外吹吹风？或者想请一段时间的假，来一场一个人的旅行，在有风的季节，去看看海、树、云、天，与一些好心的陌生人打交道，或者想起曾经一位许久不见的好友，突然想去看看他？再或者你想起了曾经年少时的一个梦，你突然很想去做点什么……如果你很想去做，那么就去做吧，要知道，人生几十年，白云苍驹，如果现在不做，一辈子可能都做不了。我们先来看看下面的一则故事：

哈佛大学校长曾经来北京大学访问时，讲了一段亲身经历：

有一年，这个校长心血来潮，准备过一段时间与众不同的生活，于是，他向学校请了假，然后告诉自己的家人，不要问我去什么地方，我每个星期都会给家里打个电话，报个平安。

接下来，他一个人，带着简单的行李，去了美国南部的农村，开始了他所谓的与众不同的生活——农村生活。他到农场去打工，去饭店刷盘子。在田地做工时，背着老板吸支烟，或者和自己的工友偷偷说几句话，都让他有一种前所未有的愉悦。最有趣的是，最后他在一家餐厅找到一份刷盘子的工作，干了四个小时后，老板把他叫来，跟他结账。老板对他说："可怜的老头，你刷盘子太慢了，你被解雇了。"

三个月后，这个"可怜的老头"重新回到哈佛，回到自己熟悉的工作环境后却发现，一切原本熟悉的东西顿时变得新鲜起来，工作成为一种全新的享受。

生活中的人们，你是否也有这样特殊的经历？对于这个哈佛校长来讲，这三个月的经历，就是一次洗涤心灵的过程，他原本是一校之长，原本博学多才，但在经过了新环境的熏陶之后，他回到了原始状态，洗掉了心灵的“尘埃”。

生活中，我们常听到人们说“人生苦短”，每个人都希望获得幸福，而其实，大多数人的一生，其实要求很简单，做着自己喜欢的事情便是莫大的幸福。然而实现它却并不容易。怎样才能实现？只要我们遵从自己的内心、立即去做就能达到。

伊丽莎白，她82岁从哈佛大学毕业。她之所以能成为哈佛人敬重的对象，并不是因为她已年迈，而是因为她有一颗勇敢的心。

又是一年毕业典礼，这一天，伊丽莎白和其他毕业生一样身穿学士服，头戴黑色学士帽，她从校长手中接过自己的学士毕业证书。另外，她还被颁发了一项表彰其学术成就和品德的奖项。在这一刻，伊丽莎白是激动的。她的勇气终于有了收获。

事实上，伊丽莎白能拿到哈佛大学的毕业证书，也是一个相当艰难的过程。

1941，伊丽莎白就从高中毕业了，随后，她结婚了，并生了4个孩子。再随后，她有幸成为了哈佛大学健康服务部的员工，在哈佛大学工作，她被学校这种浓厚的学习氛围感染，慢慢地，她开始穿梭于各个课堂之间，旁听各种课程。

就这样过了很多年，伊丽莎白并没有正式注册成为哈佛的学生，因为她认为自己根本没有能力完成这么多课程。然而，就在9年前，她的同事和同学都开始鼓励她，这让她又产生了争取学位的念头。

此时的伊丽莎白已经是73岁高龄。对于这样年纪的人来说，安享晚年大致是最好的选择，但伊丽莎白不甘心，她告诉自己，一定不能就这样放弃。于是，她再次鼓起勇气，走进了哈佛的课堂，为此，她还给自己制定了十年的目标，也就是要在83岁之前从哈佛毕业。

如今满脸皱纹的伊丽莎白在哈佛工作了25年，学习了20年，攻读了9年学位，最终赶在自己的孙女之前获得了本科学历。

在哈佛，伊丽莎白可谓是一位独特的学生。许多教授，都以伊丽莎白的事迹作为案例，鼓舞学生：树立信心、果敢尝试，走属于自己路。

的确，生活中，有太多的人，他们把一生浪费在了等待中，他们白白浪费了宝贵的生命。多少人，他们曾经是一个英姿飒爽的少年，但如今却已步履蹒跚。若你不想重蹈他们的覆辙，你就要告诉自己，选择去尝试，勇敢一点，才不会让自己后悔。

所以，生活中的年轻人们，喜欢一件事，就开始去做吧。即使此时只能把它当成业余爱好，你若坚持去做了，点滴积累，有一天，它会成为你的专长，成为你可以靠之养活自己的看家本领。你要相信，你最愿意做的那件事，才是你真正的天赋所在。

人生需要选择，需要你果敢地去拼搏，去行动，去做自己该做的事情，哪怕你很畏惧，哪怕你很犹豫，但如果摆在你面前的路是正确的，你就要立即行动起来。

有句话说得好："选择你所爱的，爱你所选择的。"年轻人，为了培养你对工作的热情，首先，在择业之前，你应该考虑自己的兴趣。如果工作在某些方面真的令你缺乏兴趣，对它缺少积极性，那么，不管你的薪水有多丰厚，不管你的职业生涯攀上了怎样的高峰，都是不值得的。

如果你并不了解自己的兴趣所在，你怎样才能挖掘它们呢？有很多方法可以做到这一点。例如，在你目前的工作中，你最喜欢它的哪些方面？是和他人共处，还是不和他人共处？是智力挑战，还是解决问题或者某个问题在某一天结束的时候有了具体答案的满足感？

总之，人生就是如此，只要你敢于跨出第一步，去做你想做的事，你就能获得源源不断的动力，你就能朝着目标不断迈进，最终收获一番成就。

身体和灵魂，总有一个要在路上

曾经在网络上流行这样一句话：“世界很大，我想去看看。”这句话说出了多少困于钢筋混凝土中年轻人的心声，一些人甚至真的开始了一段说走就走的旅行，的确，忙碌的工作、烦琐的生活，让原本年纪轻轻的他们感觉疲惫不堪，但你可曾问过自己，这是你想要的生活吗？

青春本来就是迷茫的年纪，但每个处于困惑中的年轻人，追随你的内心，去选择，去冒险。人生不会重来，现在想去做什么，就去做，不要等到年老了再后悔。

作为现代社会的年轻人，你们的压力到底有多大？无形的压力主要源自三个方面：工作、经济、健康。每天面对这些烦琐的问题，你难免产生不良的情绪。于是，越来越多的人在寻找如何减压。

曾经有人说过，或读书，或旅行，身体和灵魂，总有一个在路上，读书可以让我们增长知识，而旅行可以让我们开阔视野，我们在增多更多见识的时候发现了某些更符合自己内心愿望的爱好，而且亲眼见过的就比只在书上看过或者听人说过更有触动性。

英国作家汤玛斯说：“书籍超越了时间的藩篱，它可以把我们从狭窄的目前，延伸到过去和未来。”读书是一段深入自我的探险旅程，是实现自身价值的一种途径，书籍的背后是一种文化的底蕴，有了这种探险的历程和这种文化的力量，我们定会在一本本书中看清自己，看清过去和未来，并在不间断的思考中燃亮自己的潜能，走出狭隘，驱散浮躁，在心中开启一扇扇智慧之窗，开阔视野，涵养性情，丰富自我，修炼人格，为步入幸福的殿堂开辟一条绿色通道。

生活中的年轻人们，多读些书吧，读些好书。会读书的人都是身心健康的人。因为，书能给我们带来心灵最深处的滋养，当你被尘世所烦恼的时候，书会带我们步入一个世外桃源，一个脱离了纷扰现实的精神殿堂。

歌德说："读一本好书，就是和许多高尚的人谈话。"书籍是人类进步的阶梯，是智慧的源泉。然而，什么样的书才算是好书呢？我们不妨先来看下面一个囚犯的日记：

自从穿上了这身囚服，我才知道什么叫寂寞，我才发现自由是多么可贵。我仿佛一种无法倾诉的无奈，仿佛广袤沙漠里没有一丝风。牢房里，虽然不乏各种新闻，也不乏各种话题，但我不感兴趣。环境特殊吧，彼此都害怕对方窥视自己的内心世界，所以人人都不得不心墙高筑。在这种氛围里，那份孤独就显得更加沉重和百无聊赖。

于是，为了打发时光，空余时间我便拿出书来读。刚开始，我看的是一些修养身心的书，我不急不躁，细嚼慢咽，居然读了进去。接下来，我又喜欢上了一些道德、法律方面的书，竟让我读出了心得，读出了情感。到后来，我已不光读，而是在"听"了——听哲人谈人生道理，听名人谈生活经验，听学者对世事的看法，听强者怎样面对挫折。

时间久了，读的书多了，我才发现自己真的错了，以身试法是多么愚蠢啊，不过现在还来得及，于是，我拿起久违的笔抒发对亲人的思念、检讨曾经的得失……一篇文章的构思过程，就是一次心灵净化与充实的过程，虽然难免有忧伤，有惆怅，但却不浮躁，不空虚。曾经失落、沮丧的心绪已渐渐舒展，漫长的时光已不再无聊，不再孤寂。这是否算一种境界，一份收获？

我曾经暗叹漫长的牢狱生活，如今却发现如果能够做到把刑期当学期，便可以学到许多对自己有用的知识，学会在寂寞中充实自己，人生才会感到充实，才能得到许多意想不到的收获！

看到这篇日记，我们不得不感到欣慰，孤寂的牢狱生活并没有让他再次堕落，他选择了以读书来充实自己的内心。因此，我们可以确定的是，他所读的书是能开启他正确人生之路的钥匙，在读书的过程中，能达到心灵的平静，能从书中获得人生的感悟和体会，能让人始终保持着一份纯净而又向上的心态，从而更好地投入新的生活。

书中自是知识的海洋，其实，爱上阅读并不是什么难事，关键是你要学会读什么书，怎么读书，慢慢养成良好的读书习惯，你就会爱上读书。为此，你不必刻意追求读书的数量。的确，我们不得不承认，现在市场上充斥着各种书刊，并不是什么书目都适合我们阅读，真正有品位，适合鉴赏的寥寥无几。

因此，我们要读好书，否则就是浪费时间阅读垃圾文字。

另外，要学会带着感情阅读，这有利于培养自己的表达能力和想象力。另外，你还可以写一些读书笔记，写出自己的感受。再者，睡前阅读是最佳阅读时机，浅睡眠时期最容易进行无意识的记忆，因此睡前的阅读一定要把握。

旅游，是生活中最大乐事。旅游虽然要花去不少钱，但它给人们带来的欢乐无穷无尽。一次愉快的旅游，会让你终生难忘。对于旅行来说，假如一个人爱旅行的话，那么，他势必会心胸更广阔，更有解决问题的弹性。

自然能净化人的心灵，让人回归淳朴的状态，在大自然里，一切声音，比如风声、雨声、涛声都是最动听的音乐，徜徉在大自然里，我们的心情能恢复宁静，能让人心旷神怡，这样的快乐，大概只有那些爱自然、爱旅行的人才能听得懂、看得到。

旅行能欣赏风光，增长见识。旅游是个综合性的活动，它具有很大的学问。简单地说，旅游包含着天时、地利、自然、考古、建筑、园林、动植物学、方言、风土人情、饮食文化、地方土特产等。这些我们在旅游中都能碰到，虽然我们不会对这些项目进行特殊研究，但在旅游中，不妨做个有心人，有必要了解一下，权且把旅游的过程当作一个考察学习增长知识的过程。

因此，长时间围困在钢筋水泥建筑里的年轻人们，不妨偶尔冲动一次，给自己的身体或者心灵都放放假吧！

只要有梦想，何时都不晚

相信我们生活中的每一个人，在年少时都有自己的梦想，都有心中所向，的确，梦想可以燃起一个人的所有激情和全部潜能，载他抵达辉煌的彼岸，然而，随着时间的流逝，一些人终将自己的梦想搁浅，当人们问及为何放弃梦想时，他的回答是："来不及了""年纪大了"等，然而，这些都是借口，一个人只要心中有梦，年纪并不能阻止我们追梦，最重要的是立即去做，去执行，梦想也只有通过努力才能实现。

在古今中外的历史上，大器晚成的故事比比皆是。

有这样一个人，在他5岁的时候他的父亲就离开了他，14岁从学校逃学，然后开始了流浪人生。他去过农场，当过电车售票员，但这些都让他无法开心起来，在他16岁那年，他参军了，这也不顺心，一年后，他来到了阿拉巴马州，在那里他开了个铁匠铺，不过没多久就倒闭了。

然后，他在南方铁路公司谋得机车司炉工这一工作，他开始觉得很有意思了，认为自己找到了最终的工作岗位。

18岁时，他就结了婚，几个月之后，他的太太怀孕了，但此时，他却被通知解雇了。

接下来，他必须要找到新工作，但在这期间，他的太太居然变卖了他所有的家产回了娘家。这再一次证明他失败了。

随后大萧条开始了，他虽然失败了很多次，但是依然努力。后来，他又通过函授学习了法律，不过最终因生计问题而放弃。然后他又卖过保险和轮胎，也经营过一条渡船，还开过一家加油站。但最后都以失败而告终。

周围的人开始劝他："放弃吧，不会成功的。"他也想到了要放弃人生，所以，一次，他躲在草丛中，想要去绑架经常来附近玩耍的小女孩，但是这一天奇怪的是，小女孩没有出来，所以他还是失败了。

再后来，他到一家餐馆当主厨，但不久之后，一条新公路要从这家餐馆穿过，他再次失败了。

转眼，他到了退休的年纪，到此刻，他还是一事无成。日子就这样一天一天过去。这一天，邮递员给他送来一份社会保险支票，到那时，他才意识到自己开始老了。但也就在那一刻，他身上所有的潜能爆炸了。

有人同情他的遭遇，然后对他说："本来你该击球的时候，你都没击中，就别再逞强了，老了，就休息吧。"他却不以为然。

然而，就凭借证明他老了的那张退休金支票——105美元，他开始了自己的事业——肯德基。而他成功时已是88岁。这个人就是哈伦德·山德士——肯德基的创始人。

从哈伦德·山德士的经历中，我们可以看到，一个人只要敢于追逐自己的梦想，无论何时都不晚。

事实上，一个人的成才与事业成功和年龄并无直接的关系，而在于有一颗永不熄灭的、火热的心始终对梦想有着强烈的冲动，只要你一直走心中向往的那条路，即便你已经年逾古稀，你依然能驾驭自己的人生，实现自己的人生价值。

可见，现代社会，没有超人的胆识，就没有超凡的成就。不敢冒险就是最大的冒险。勇于尝试才有做第一个成功者的机会。胆量是使人从优秀到卓越的最关键的一步。你需要勇气，需要胆量，你不是弱者，机会是给敢于迎接的人准备的！

所以，我们要记住的是，一定要追随自己的内心，要敢于追逐自己的梦想，要永葆激情、不断摸索，不怕失败，最终你会找到自己的一条路，做出成就。

生活中的人们，为梦想努力吧，假如你是一名学生，为分数而努力学习，你就会得到分数，但如果为充实自己、为求知读书，除了得到分数外，你会获得知识和成长；为了挣钱而做生意，你的努力会帮你实现财富梦；为了事业而做生意，除了财富外，你获得的还有为之打拼的快乐；为每月定时发放的薪水而工作，你可能得到较少的薪水；如果你为提高公司业绩而工作，你不仅会得到较多的薪水，也会得到满足和同事的敬重，你对公司的贡献将会大得多，你的报酬也会大得多。

总之，梦想具有无穷的力量。梦想也会给我们带来快乐，只要你追随自己的天赋和内心，你就会发现，你的生命被赋予了更大的意义，你也不再是消磨光阴，而是让时间闪闪发光，奋斗也就是快乐的事。

马上去做，没有什么来不及

在我们的生活中，总有不少人慨叹生命短暂，梦想还来不及完成就老了，而这只不过是他们不愿为梦想付出行动的借口而已，古今中外的历史上，到晚年才开始追逐梦想并取得成就的人比比皆是，比如美国众人皆知的摩西奶奶。

摩西奶奶——她的人生真正开始于80岁，她真正提笔始于75岁，80岁那年在纽约举办了个人画展后，摩西奶奶的画便在绘画界引起轰动，她被认为是美国著名和最多产的原始派画家之一，闻名全球的风俗画画家。

1961年12月13日，摩西奶奶在纽约的胡西克瀑布逝世，终年101岁。她的一生都未曾接受过正规的绘画教育，但她一直坚持着对生活的热爱，对美的追求，正因为如此，她到晚年才认识到自己在绘画艺术上的潜能，并爆发了惊人的艺术天分，在二十多年的绘画生涯中，她共创作了1600幅作品，并且，她的每一幅作品都成为热卖的对象。

对于摩西奶奶的成功，不少人进行了探索和研究，其中被公认的最重要的权威JaneKallir这样评价："在成名之前，摩西奶奶一直是一位民间艺术家，但是，当她成为一位流行画家之后，因为她的作品的大众吸引力使得人们忽略了其艺术价值。”

摩西奶奶告诉每一个人，梦想不是易碎品，不需要轻拿轻放，而是需要我们奋力追逐，需要我们付出和努力。

在摩西奶奶身上，我们看到，任何一个人，无论年岁几何，无论是富贵还是贫穷，只要他对生活向往和热爱，他就能让生命大放异彩。

很多人以摩西奶奶为人生的榜样，大概就是希望在摩西奶奶身上能看到未来的自己，即便年老色衰，依然有着积极向上的热情和年轻的心态，依然能步履轻盈地朝着自己想去的地方大步向前。这是我们理想的状态，是在我们的规划图中最期待的晚年。

的确，如果你留心一下周围形形色色的人，就会发现，那些少数活得快乐的人，并不是因为他们有很多钱，也不是因为他们有更好的房子、工作，他们只不过是能够真正地为实现梦想而努力，怀着最真诚的心去追求自己想要的东西。

真正的高手，都是那些能够克服漫长拼搏的恐惧和枯燥，克服无情岁月的流逝和青春的发黄，一步步达成人生目标的人。对于任何一个人来说，无论你年岁几何，你的人生也才刚刚开始，只要你树立自己人生的目标，并为之努力，那么，就没有什么来不及。只要你立即行动、大胆地去实践，而不只是把它当成一个遥不可及的梦想，你就能实现，相反，如果你默默地将梦想藏在心底而不付诸行动，你只能感到莫大的遗憾。

生活中，很多人都有周游世界的梦想，可是有几个人能不顾一切地去实现它呢？然而，一位叫索菲娅的女孩就做到了。

索菲娅是一位歌剧演员。

在一次演讲中，她当着全校师生的面提及自己的梦想——毕业以后先去欧洲进行为期一年的旅游，然后，她要去纽约的百老汇闯出一片天地。

就在她结束演讲的当天下午，她的心理学老师找到她，然后对她说：“我听说你想去百老汇，那么，你今天去百老汇跟毕业后去有什么差别？”

老师的话点醒了索菲娅，她仔细一想：“是呀，大学并不一定能为自己争取到去百老汇的机会。”于是，索菲娅决定一年以后就去百老汇闯荡。

这时，老师又问她：“你现在去跟一年以后去有什么不同？”

索菲娅一想，的确如此，接下来，她告诉老师自己决定下学期就出发。

老师紧追不舍地问：“你下学期去跟今天去，有什么不一样？”是啊，老师说得对，接下来，索菲娅有些晕眩了，她仿佛现在已经置身于百老汇那金碧辉煌的舞台上了……她说，我决定下个月就去。

老师乘胜追击问道：“那一个月以后去和今天去又有什么不同呢？”

索菲娅的心情很激动，她说：“好，我准备一下，一个星期以后就出发。”

老师步步紧逼：“百老汇什么买不到？那些生活用品更是到处都是。那你要一个星期的时间准备什么呢？”

索菲娅激动地说道：“好，我明天就去。”老师赞许地点点头，说：“我已经帮你预订好明天的机票了。”

第二天，索菲娅就坐飞机来到了全世界艺术的最高殿堂——美国百老汇。

这天，百老汇一位著名的制片人正在筹备一部经典剧目，很多艺术家都前去应征主教，按照步骤，他需要先从这些应征者中挑选出10位候选人。索菲娅得知这个消息后，并没有花时间去为自己置办行头，也没有去学习如何打扮自己，而是先从一位化妆师那里要到了剧本。接下来的两天时间里，她把自己关在出租屋里自编自演。

面试这天终于到了，索菲娅有点紧张，但稍作深呼吸之后，她给自己打足了气，当制片人问及她的表演经历时，她笑了笑，然后说：“我可以给您表演一段原来在学校排演的剧目吗？就一分钟。”制片人首肯了，他不愿让这个热爱艺术的青年失望。

索菲娅表演的正是制片人要排演的剧目，制片人惊呆了，因为眼前这位姑娘的表演实在太棒了。他马上通知工作人员结束面试，主角非索菲娅莫属。就这样，索菲娅来到纽约没几天就顺利地进入了百老汇，开始了她灿烂的艺术人生。

听完摩西奶奶的忠告和索菲娅的故事，生活中的人们，你是否有所启示？的确，成功的人与那些蹉跎人生的人的最大区别，就是——行动！如果你能追溯那些成功人士的奋斗之路，你就会感叹："难怪他会做得这么好！"什么样的行动才能获得最大的成功呢？是马上行动！生活中的你们，不要再感叹时光荏苒了，从现在起，立即行动吧，下一刻也许就会成功！

立即行动，培养高效的行为习惯

有人说，世界上的人分别属于两种类型。成功的人都很主动，我们叫他"积极主动的人"；那些庸庸碌碌的普通人都很被动，我们叫他"消极被动的人"。我们仔细分析这两种人的性格和行为特征，会发现：积极主动的人都是认真做事且不断努力的人，他们孜孜不倦，直到成功；而被动的人则拖沓、懒惰，总是找借口拖延，他们总是强调"不应该做""没有能力去做"或"已经来不及了"等。

有人说天下最悲哀的一句话就是：我当时真应该那么做却没有那么做。每天都可以听到有人说："如果我在那时开始那笔生意，早就发财了！"或"我早就料到了，我好后悔当时没有做！"一个好创意如果胎死腹中，真的会叫人叹息不已，感到遗憾，如果彻底施行，当然也会带来无限的满足。所以，无论是追求梦想，还是在日常生活中做事，我们都要养成立即行动的习惯。

美国钢铁大王安德鲁·卡内基在未发迹前的年轻时代，曾担任过铁路公司的电报员。

有一天，正值放假，但卡内基需要值班。就在这个平凡的值班日，却发生了一件意想不到的事。

躺在椅子上休息的卡内基突然听到电报机嘀嘀嗒嗒传来的一通紧急电报，吓得他从椅子上跳起来。电报的内容是：附近铁路上，有一列货车车头出轨，要求上司照会各班列车改换轨道，以免发生追撞的意外惨剧。

这可怎么办？现在是节假日，能下达命令的上司不在，但如果不现在作决策的话，就会产生一些不可预料的恶果。时间慢慢过去了，事故可能就在下一秒发生。

卡内基不得已，只好敲下发报键，冒充上司的名义下达命令给班车的司机，调度他们立即改换轨道，避开了一次可能造成多人伤亡的意外事件。

当做完这一切后，卡内基心里开始紧张起来，因为按当时铁路公司的规定，电报员擅自冒用上级名义发报，唯一的处分是立即革职。但又一想，这一决定是对的。于是在隔日上班时，写好辞呈并放在上司的桌上。

但令卡内基奇怪的是，第二天，当他站在上司办公室的时候，上司当着卡内基的面，将辞呈撕毁，拍拍卡内基的肩头："你做得很好，我要你留下来继续工作。记住，这世上有两种人永远在原地踏步：一种是不肯听命行事的人；另一种则是只听命行事的人。幸好你不是这两种人中的一种。"

卡内基之所以成功，是因为他有成功者的品质，这一点，在他未发迹时就已经显现出来了。

的确，现代社会，无论是职场还是商场，其竞争度的激烈恰如战场，假如你也渴望成功，那么，你就应该牢牢地记住，对于执行力的天敌——拖延，我们一定要懂得调节，因为执行力就是竞争力，成败的关键在于执行。

石油大王洛克菲勒先生曾讲过一个抢占石油市场的经历：

在洛克菲勒进军石油界的第三年，炼油商们在宾州布拉德福德又发现了一个新油田，于是，负责标准石油公司输油管业务的丹尼尔·奥戴先生便迅速带领他的团队扑向那个财富之地。

开采石油的那些人已经疯狂了，他们不分昼夜地开采，希望可以带着大把大把的钞票从此地离开。也就是说，奥戴先生的管道和工人根本不够用。

此时，洛克菲勒站出来，对奥戴先生提出了建议，希望他能警告那些采油商，因为他们的开采量和开采速度已经远远超过了他们的运输能力，这样减慢开采速度，才不会导致这些黑金变成一文不值的粪土。然而，无论洛克菲勒怎么苦口婆心地劝说，傲慢和争强好胜的奥戴就是不为所动。

就在此时，洛克菲勒的竞争对手波茨动手了，他先在几个重要的炼油基地收购洛克菲勒的炼油厂，接着，他又开始在布拉德福德抢占地盘，铺设输油管道，要将布拉德福德的原油运到自己的炼油厂。

洛克菲勒意识到自己再不出手就晚了，于是，这一天，他来到宾州铁路公司大老版斯科特先生的家里，并直言不讳地把事情的利害告诉了他，但这位斯科特先生也是个固执的家伙，他对波茨的行为表示置之不理。无奈，洛克菲勒决定亲自向自己的这个敌人宣战。

首先，洛克菲勒解除了与宾州铁路的所有业务往来，而将自己的运输业务转给了另外两家支持他的铁路公司，在削弱他们力量的同时，他还终止了与宾铁的全部业务往来，我指示部属将运输业务转给一直坚定地支持我们的依赖于帝国公司运输的在匹兹堡的所有炼油厂；随后指示所有处于与帝国公司竞争的己方炼油厂，以远远低于对方的价格出售成品油。

在这样的措施下，斯科特先生不得不臣服，尽管他很不情愿。

洛克菲勒的措施自然会引发对方的反击，为了打击洛克菲勒，他们把业务转手给洛克菲勒的竞争对手，并且，他们还倒贴给对方很多钱，无奈，他们只好裁员、削减公司，这引发的是工人们的极大不满，最终，这些愤怒的工人们一把火烧了几百辆油罐车和一百多辆机车，逼得他们只得向华尔街银行家们紧急贷款。

就这样，这一年，他们不但没有挣钱，反倒损失惨重。

洛克菲勒的竞争对手波茨先生是个很有魄力的军人，他不愿意妥协，但是，他也是个识时务的人，最终，他决定不再与洛克菲勒决斗，而是选择了讲和，停止了炼油业务。几年后，他还成了洛克菲勒属下一个公司积极勤奋的董事。这个精明又滑得像油一样的油商！

洛克菲勒曾直言不讳地说："成功驯服这些傲慢的犟驴，我的心都在跳舞。"而他之所以能做到这点，就是因为他先人一步的魄力，决不让主动权落在对手手里。

同样，现代社会，几乎所有人都使出浑身解数抓住机遇，因为先机稍纵即逝，速度就成了获胜的关键因素之一，我们每个人都应该将自己训练成为一个果断的人，要做到这点，你就必须解放思想，具备超前的观念和敏锐的眼光；看准了的事，应该雷厉风行、马上就干，不能患得患失、等待观望，更不能纸上谈兵、只说不干。

与其抱怨现状，不如用行动来改变自己

生活中，我们常常听到一些人抱怨："哎！每天都在重复这些工作，真是浪费生命！""为什么每次都让我去处理这些事情！""什么时候才能给我涨点工资呢"……他们对工作似乎一点也不满意，而实际上，你在抱怨不满时，应该做适当的反省。为什么自己会有这样或那样的不满？是不是因为自己做得不够好？从这些方面来说，其实抱怨也可以作为一个加速器，加速自己的成功。只要你能够通过抱怨看到自己的缺点，你就会

进步。

事实上，聪明人懂得通过抱怨来反省自己，接纳生活，让生活变得更美好。一味抱怨的人，看到自己的缺点，一定会更加努力。

同样，处于某种环境下的人们，当你因为抱怨环境太糟糕而一味地拖延的时候，为何不通过立即行动来改变自己呢？为何抱怨工作环境不好、薪水不高、老板不够和蔼呢？为何不反思自己是否做到位、是否有着高效的执行力呢？

我们先来看下面一个故事：

在美国的一所小学里，有这样一个班级，这个班级的学生比较特别，他们一共有26个人，都是失足的孩子，他们有的进过少管所，有的吸过毒，总是让老师和家长失望透顶。

在这个班级成立后，一位叫菲拉的女老师接手了。在她给学生们上的第一节课上，她并没有像人们想象的那样整顿班级纪律，而是在黑板上给孩子们出了一道选择题。让孩子们根据自己的判断选出一位在后来能够造福于人类的人。她列出3个候选人：

A.笃信巫医，他有多年的吸烟史，嗜酒如命，还有两个情妇。

B.有正经工作，但却不珍惜，每天睡到中午才起床，钟爱酒精，每天都要喝一斤多的酒，还吸食过鸦片。

C.曾有过辉煌的历史：是国家的战斗英雄，不吸烟喝酒、坚持食素，从不违法。

结果大家都选择C。

菲拉公布答案，A是富兰克林·罗斯福，连续担任过四届美国总统；B是温斯顿·丘吉尔，英国历史上最著名的首相；C是阿道夫·希特勒，法西斯恶魔。

孩子们看呆了，不明白为什么结果会是这样，接下来，菲拉满怀激情地告诉大家：

“孩子们，一个人，无论他的过去是荣誉还是耻辱，那只能代表过去，最重要的是他的现在和将来，只要你从现在开始决定做你想成为的人并为之努力，你就能成为一个了不起的人。”

菲拉的这番话，改变了这26个孩子一生的命运。其中，就有今天华尔街最年轻的基金经理人——罗伯特·哈里森！

的确，菲拉教师的话是正确的，过去的生活，不管如何辉煌和暗淡，都随着时光如流水般逝去。要知道，羁绊于过去，是很难洒脱地走向美好明天的。一个人，只有学会放下对环境的坏情绪，适应环境，才能有意识地改变自己，最终改变命运。

在现代企业里，总有一些人对待工作抱有消极倦怠的态度，对待工作内容总是能拖就拖，要问到为何不积极工作，他会反驳：“底层员工，就这么点薪水，没热情努力工作。”那么，既然如此，为何不努力工作、成为你羡慕的高层管理者？再比如，一些人抱怨自己经济能力差所以没有去找女朋友，那么为何不努力改善经济状况？其实，归根结底我们还是要记住一句话：你改变不了环境，但你可以改变自己；你改变不了事实，但你可以改变态度。

王明是一位留美的计算机博士，毕业之后，他打算在美国找工作。拿着自己的各个证书，以及一些在学校所获得的奖项，四处奔波找工作。可是，两三个月过去了，他还是没有找到合适的工作，因为几乎他所选择的公司都没有录用他，而那些愿意录用他的公司又是自己瞧不上的。他没有想到，自己堂堂一个博士生，居然沦落到高不成低不就的尴尬处境。思前想后，他决定收起自己所有的证书与奖项，以一种最低的姿态前去求职。

没过多久，他就被一家公司录用为程序输入员，这份工作相当简单，对一个博士生来说简直就是大材小用。但王明并没有抱怨什么，即使是最简单的工作，他依然干得一丝不苟。这样干了一个多月，上司发现他能迅速看很粗程序中的错误，这可是非一般的程序输入员相比的，这时候，王明向上司亮出了学士证，上司知道了他的能力，马上给他换了一个与大学毕业生相对应的专业。又过了一个月，上司发现他经常能够提出一些独到的有价值的见解，远远比一般大学生要高明。这个时候，王明又亮出了硕士证，上司又立即提升了他的职位。再过一个月，上司觉得他还是跟别人不一样，就开始有意识地质询他，这时候，王明才拿出了自己的博士证，上司对他的能力有了全面的认识，毫不犹豫地重用了他。

当王明陷入了找工作的困境，他放弃了自己的所有证书，以一种最普通的身份去应聘，并获得了一份工作。我们可以想象，一个有着博士学历的人，委身于一个普通的职员，是多么隐忍。但王明忍耐了下来，他在等待机会，终于，老板开始发现他深藏不露的能力，渐渐地重用他，最终他获得了自己应有的位置和价值。

总之，任何不满意现在状态的人都必须懂得：多改变自己，少埋怨环境。正如一句名言所说的“如果你认为你处在恶劣的环境中，那么请好好地修炼，练好内功，等待爆发的日子”。

第二章

制定目标，朝着梦想的方向前进

我们都知道，梦想的实现并不是一蹴而就的，而是建立在阶段性的目标的基础上的，需要以奋斗为基石，所以我们需要制定目标和计划，有了计划和目标，我们的行动才有指引作用。就连那些指挥作战的军事家，他们在战斗打响前，也都会制定几套作战方案；企业家在产品投放市场前，也会制订营销计划。我们无论做什么都是如此，目标是实现最终成功的必由之路，否则，一切都是空谈，都是泡影，只有在清晰的目标的指引下，我们才能一步步朝着梦想迈进。

最关键的是你下一步的方向

在韩国首尔大学，有这样一句校训："只要开始，永远不晚。人生最关键的不是你目前所处的位置，而是迈出下一步的方向。"这句话的含义是，任何理想不经过实践和行动的证明，都是空想。只要你心有方向，立即行动，任何理想都有实现的可能，相反，没有方向的路，走得再多也是徒劳。

曾经在非洲的森林里，有四个探险队员来探险，他们拖着一只沉重的箱子，在森林里踉跄地前进着。眼看他们即将完成任务，就在这时，队长突然病倒了，只能永远地待在森林里。在队员们离开他之前，队长把箱子交给了他们，告诉他们：请他们出森林后，把箱子交给一位朋友，他们会得到比黄金重要的东西。

三名队员答应了请求，扛着箱子上路了，前面的路很泥泞，很难走。他们有很多次想放弃，但为了得到比黄金更重要的东西，便拼命走着。终于有一天，他们走出了无边的绿色，把这只沉重的箱子交给了队长的朋友，可那位朋友却表示一无所知。结果他们打开箱子一看，里面全是木头，根本没有比黄金贵重的东西，也许那些木头一文不值。

难道他们真的什么都没有得到吗？不，他们得到了一个比金子贵重的东西——生命。如果没有队长的话鼓励他们，他们就没有了目标，他们就不会为之奋斗。从这里，我们可以看到目标在我们追求理想的过程中的指引作用！

同样，追求梦想的过程也不是一帆风顺的，无数成功者为着自己的理想和事业，竭尽全力，奋斗不息。孔子周游列国，四处碰壁，乃悟出《春秋》；左氏失明后方写下《左传》；孙膑断足后，终修《孙膑兵法》；司马迁蒙冤入狱，坚持完成了《史记》；伟人们在失败和困顿中，用不屈服，立志奋斗，终于达到成功的彼岸。当今社会，也有很多人却以失败告终，为什么呢？很多人把问题归结于外在，比如，时运不济，天资不够等，持这种观点的人，只看到问题，却看不到解决问题的方法；只看到困难，却看不到自己的力量；只知道哀叹，却不去尝试解决问题。这样的人永远不可能成功。

而实际生活中，很多人因为无法承担追求梦想带来的困难和痛苦，就追求安稳的生活，每天两点一线，上班、回家，回家、上班，逐渐对梦想失去激情，而当他们看到他人风光无限或是衣食富足时，又嫉妒得要命。天上不会掉馅饼，即使掉了也不一定会砸到你的头上，凡事有因才有果，你付出了才能有回报，甘于现状、不思进取却又企望富贵发达，这就是“白日做梦”。

在唐朝贞观年间有个和尚，要到西天去取经。他需要一匹马，在长安城有一匹马，平时在大街上驮东西，结果选中了，选中之后，就准备去西域取经。这匹马有个很好的朋友，是头驴子。平时驴子都在磨坊里面磨麦子。这匹马临走之前就跟它的好朋友道别。道别完就走了。一走就是十七年。十七年之后这匹马就驮着满满的佛经回到了长安城。它们受到了英雄般的欢迎。这匹马也一举成名。这匹马就回到它当年的好朋友驴子的磨坊里面，发现驴子还在。它们两个就一起诉说十七年的分别之情。这匹马就跟这头驴子讲它这十七年的所见所闻。见了非常浩瀚的沙漠、一望无边的大海。去到一条河木头都浮不起来的叫黑水河、去到一个地方只有女人的，没有男人的叫女儿国、去到个地方鸡蛋放到石头里能够煮得熟的叫火焰山。

讲了很多很多。这头驴子听完流着口水说：“你的经历可真丰富呀！我连想都不敢想！”这匹马就接着讲：“我走的这十七年你是不是还在磨麦子呀？”这头驴子说：“是呀！”这匹马就问它那你每天磨多少个小时呀？这头驴子说八小时。马说：“我和唐大师当年，平均每天也走八小时，这十七年我走的路程和你走的路程是差不多的。可是关键在于当年我们朝着一个非常遥远的目标，这个目标有多遥远，我们根本看不到边，可是我们方向明确，始终朝着目标迈进，最后终于修成正果。”

我们在笑话驴子的同时，是否也应该反省一下自己呢？实际上，很多人就过着如同故事中的驴了般的生活，每天工作8小时，每天都重复着同样的工作，每天的工作都是在原地转圈圈，毫无建设性的进展。就这样安于现状，十年、二十年之后，当周围的人已经步入成功的殿堂之后，他还在原地打转。而有些人，没有甘于围着磨盘打转，他们有梦想有目标，并且认准目标就一直向前走，即使因为种种原因走了弯路，但是大方向是不变的，因为梦想在前方，在牵引着他们，他们知道，那才是自己的终点。

我们每个人都应该明白一个道理，说一尺不如行一寸，也只有行动才能缩短自己与目标之间的距离，只有行动才能把理想变为现实。成功的人都把少说话、多做事奉为行动的准则，通过脚踏实地的行动，达成内心的愿望。但任何行动，如果没有一个明确的指引方向，都是无意义的。

诚然，我们渴望成功，都有自己的梦想，但梦想并不是参天大树，而是一颗小种子，需要你去播种，去耕耘；梦想不是一片沃土，而是一片莽荒之地，需要你在上面栽种上绿色。如果你想成为社会的有用之材，你就要“闻鸡起舞”，甚至需要你“笨鸟先飞”；如果你想著作出精神之作，就需要你呕心沥血……梦想的成功是建立在阶段性目标的基础上的，需要以奋斗为基石，如果你想实现你心中的那个梦想，就行动起来吧，去为之努力，为之奋斗，这样你的理想才会实现，才会成为现实。

脚踏实地，梦想才有实现的可能

关于未来，可能每个初入社会的年轻人都有很多幻想，他们豪气万丈、为自己编织着美好的未来，或希望自己成为某个行业的精英，或拥有自己的事业等，他们就被灌输理想对人生的作用和价值，树立理想是好事，它可以匡正你的言行，让你的努力都有一条明晰的主线，但无论如何，你千万要记住，只有脚踏实地才是实现梦想的唯一途径，对理想的憧憬，也千万别过了头。

如果你每天把大把的时间都花在了展望自己的未来中，而不制订实现梦想的计划，那么，你的梦想最终只会遥遥无期。

爱因斯坦曾说："人的价值蕴藏在人的才能之中。在天才和勤奋两者之间，我毫不迟疑地选择勤奋，她是几乎世界上一切成就的催产师。"梦想的实现是一个过程，是将勤奋和努力融入每天的生活中、工作和学习中，它没有捷径，它需要脚踏实地。

著名的心理学教授丹尼尔·吉尔伯特认为：当一个人憧憬未来时，他似乎已经经历了那种美好，但实际上，这不过是一个想象的黑洞，是虚无的。的确，对于未来的过分憧憬，反而会抹杀自己对未来更为可靠的理性预测。

没有人可以在脱离行动之外就能收获成功，真正的喜悦也是来自实践过的经历。哈佛大学的心理学家认为，当人们尝试着估计自己能从未来的经历中获得多大的乐趣时，他们已经错了。人生只有经历过，才能品味出真实的味道，也只有脚踏实地地看待生活，才会活出自己。

一直以来，人们都赞赏那些有伟大梦想、眼光长远的人，但很多人在憧憬未来时，难免有几分浮躁之气。有时候，当事情还没做到一半时，他们就认为自己已经大功告成，开始飘飘然了。因此，我们需要记住的是，急功近利，只讲速度，不讲质量，看不起眼前的小事，认为如此做不出什么名堂来，没有什么意义。

1985年，在美国的职业篮球联赛中，洛杉矶湖人队因为队员们出色的球技，拿下冠军已经是手到擒来之事，但在决赛时，因为各个方面的原因，湖人队却输给了波士顿的凯尔特人队，这让所有的球员和教练派特·雷利十分沮丧。

派特·雷利是一名金牌教练，他不会眼看着这些球员们继续处于沮丧中，为了鼓励大家重振旗鼓，他说道："从今天开始，我们能不能各个方面都进步一点点，罚篮进步一点点，传球进步一点点，抢断进步一点点，篮板进步一点点，远投进步一点点，每个方面都能进步一点点？"球员不假思索地答应了他的要求。

接下来，派特·雷利带领球员们进行了为期一年的训练，这一年内，所有球员始终抱着让自己"进步一点点"的精神，不断地提高自己的球技。

终于，就在第二年，也就是1986年的美国职业篮球联赛中，湖人队轻轻松松地夺得了冠军。

派特·雷利在庆功时，对所有球员说："我们今天之所以能成功，绝非偶然，当初，我说我们要做到每天进步一点点，是啊，我们一共有12位球员，有五个技术环节，每个环节我们进步1%，所以一个球员进步了5%，全队就进步了60%，在球技上处于巅峰的湖人队，提升了60%，甚至更高，所以我们获得出人意料的成绩是理所当然的。"

看完湖人队取得成功的故事，年轻人，你应该有所启示，只要你每天进步一点点就已经足够，因为成绩并不是最后那张考卷上的分数，"不进则退"，只要在前进，无论前进多少都无妨，但一定要比昨天前进一点点。人生也必须每天持续小小的努力，才能有所成就。

的确，知识和能力、经验的积累，都像建造房子，从砖到墙、从墙到梁，是一个循序渐进的过程，任何能力和知识的获得都不是一蹴而就的，也不是下了决心就能获得的，这是一个长期的过程。实际上，无论做什么，水滴就能石穿，每天进步一点点，并不是很大的目标，也不难实现。也许昨天，你通过努力学习获得了可喜的成绩，但今天你必须学会超越，超越昨天的你，你才能更加进步，更加充实。人生的每一天都应该充满新鲜的东西。

现今社会，好高骛远、不脚踏实地是很多年轻人的通病，不少年轻人是思想上的巨人，行动上的矮子，信誓旦旦决定做一件事，但到实施的时候，却做不到一步一个脚印，每天朝目标迈一步，经常三分钟热度，做不到持之以恒。要知道，任何事情的成功都不是一蹴而就的，需要我们一点一滴地付出。小事成就大事，在每件小事上认真的人，做大事一定成绩卓越。

其实，生活中，那些成功者往往是做“傻”事的笨人，输得最惨的也是那些聪明人，那些笨人深知自己不够聪明，所以他们努力学习、埋头苦干，最终如愿以偿。而聪明人做事时则不肯下力气，总想着要小聪明，投机取巧，所以往往输得很惨，所以智慧和实干比起来，实干更加不可或缺。

总之，每一个年轻人都必须记住，梦想的实现必须扎根在现实的土壤中。任何一个怀揣梦想的年轻人都应该让自己沉下心来进入角色，越早进入越意味着你成熟了一些，离梦想的实现越进一步。

化繁为简，成功有时也有捷径可走

我们可以承认的一点是，几乎人人都有自己的梦想，但最终能实现的人并不多，一些人满腔热血，制订了切实有效的施行计划，更勇于执行，但却处处碰壁，最终未能实现目标；也有一些人发现，追求梦想和实现目标的过程实在太艰难，他们甚至产生了放弃的念头，其实，之所以出现这两种情况，是因为他们束缚了自己的思维，有时候，只要你能化繁为简，是能找到通往成功的捷径的。

在美国乡村，有个老头和他的儿子相依为命。

一天，一个人找到老头说要将他的儿子带去城里工作，老人愤怒地拒绝了这个人的要求。这个人又说：“如果你答应我带他走，我就能让洛克菲勒的女儿成为你的儿媳，你看怎么样？”老头想了又想，终于被让儿子能当“洛克菲勒的女婿”这件事情说动了。这个人精心打扮后，找到了美国首富、石油大王洛克菲勒，对他说：“尊敬的洛克菲勒先生，我想给你的女儿找个对象。”洛克菲勒说：“快滚出去吧！”这个人又说：“如果我给你女儿找的对象是世界银行的副总裁呢？”于是洛克菲勒同意了。最后，这个人找到了世界银行总裁，对他说：“尊敬的总裁先生，你应该马上任命一个副总裁！”总裁先生摇头说：“不可能，这里这么多副总裁，我为什么还要任命一个副总裁呢，而且必须马上？”这个人说：“如果你任命的这个副总裁是洛克菲勒的女婿呢？”总裁立刻答应了。

在这个人的努力下，那个乡下小子不但娶了洛克菲勒的女儿，还成了世界银行的副总裁。

这是一个财富故事，苏格拉底说过，真正高明的人，就是能够借助别人的智慧，来使自己不受蒙蔽，那个乡下小子之所以能成为世界银行的总裁，还能娶到克洛菲勒的女儿，就是因为他找到了通往成功的捷径，让他由一个穷苦的乡下人摇身一变成为众人羡慕的贵族。

曾有人说，头脑是一切竞争的核心，因为它不仅会催生出创意，指导实施，更会在根本上决定成功。让我们没有意识到的是，思维决定行动，我们做事的效能如何，也取决于我们的思维活动。因此，思维是改变外界事物的原动力，如果你希望改变自己的状况，获得进步，那么首先要从改变思维开始。而我们在寻找解决之道往往倾向于把事情考虑得过于复杂化，其实事情本质是很单纯的。表面看上去很复杂的事情，其实也是由若干简单因素组合而成。

有这样一个有奖征答活动，题目是：一次，三个人一起坐热气球旅行，这三个人都是关系人类命运的科学家。第一位是核子专家，他有能力防止全球性的核子战争，使地球免于遭受灭亡的绝境。第二位是环保专家，他可以拯救人类免于因环境污染而面临死亡的厄运。第三位是粮食专家，他能在不毛之地种植粮食，使几千万人摆脱饥荒而亡的命运。但旅行到一半时，却发现热气球充气不足。就在那一刻，热气球即将坠毁，必须丢出一个人以减轻载重，使其余的两人得以存活，请问该丢下哪一位科学家？

因为奖金数额庞大，征答的回信如雪片般飞来。每个人都竭尽所能地阐述他们认为必须丢下哪位科学家的见解。最后，结果揭晓，巨额奖金的得主是一个小男孩。他的答案是：将最重的那位丢出去。

我们在赞叹小男孩的答案时，也不难得出这样一个结论：任何复杂的现象，其复杂的也只是表面，其实都有它一般性的规律，都可以找到简单的分析、处理方式。这就是化繁为简的过程，这个过程需要找寻规律，把握关键。

卡曾斯说："把时间用在思考上是最能节省时间的。"这是一句非常有哲理的话。通俗的说法是做事要动脑子，对一件事情分析认识得不透彻，就很难找到正确的方法，不能对症下药，自然就无法以最短的时间到达目的地，可以说思考是调高效能唯一的捷径，为此，无论是学习、工作还是追求梦想，我们都要多动脑，从而以最快的速度解决问题，达成目的。

所以，我们要看到思维的力量，也应该锻炼自己的头脑，扩展自己的眼界和思维。因为这是一个脑力制胜的年代，谁的想法更高明，更有效，谁就更容易高效能地做事，也更容易提升自己的价值。很多时候，一个金点子，花费不多，却拥有点石成金的力量。只有看到别人看不到的东西的人，才能做到别人做不到的事。灵活的头脑和卓越的思维为我们提供了这种本领，深入地洞察每一个对象，就能在有限的空间，成就一番事业。

事实上，我们无论做什么事，都要有灵光的头脑，善于创造性思维，不能钻牛角尖。这条路走不通，不妨转换一下思维，何不尝试逆向思考，先找问题的本质？思维一变天地宽，勤思考，善于逆向、转向和多向思维的人，总能找出解决问题的方法，总能以最少的力气，达到最满意的效果。

生活中，很多人之所以在某些事情上失败，就是因为他们一直在做无

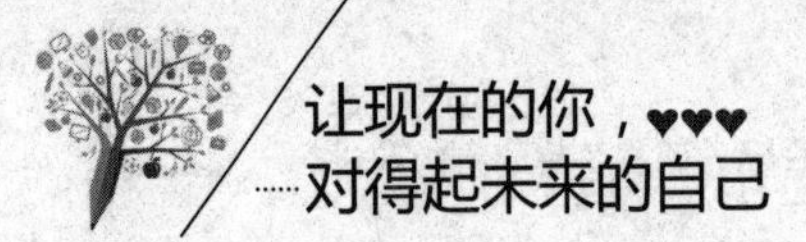

用功。如果你也是个不爱动脑的人，那么，你不妨试着学会思考，你就会发现积极思考的惊人力量，任何困难和失败均能通过它来解决，即使是那些杂乱无章的事情，只要你运用思考的力量，就会将它们一一捋顺。思考不是“无用功”的代名词，而是“节能、省力”的法宝，因为能以积极的思维去摆脱困境，化解难题。

总之，面对看似杂乱无章的事情，只要你能开动大脑，跳出习惯的思维框框，就能抓住问题的实质，就会得出异乎寻常的答案。

只要行动，梦才会真正成为你的梦想

在现实生活中，我们不难发现一个现象，很多成功人士并不是高学历者，那些高学历者也并不一定能成功，这是为什么呢？其实，这与他们对待梦想的态度和行为不无关系。低学历者更注重实践，为了目标，他们制订好计划，然后一步一个脚印地努力，而一些高学历者则太过注重理论知识，这种现象在开放的社会已经较为普遍，我们并不是说这是一种必然，但从一个侧面可以看出，光想不做是不会有好的结果的。

曾经有哲人说过，“梦想指引我们飞升”。我们都知道梦想的伟大力量，但把梦想变为现实只有一个方法，那就是行动。

活在当下的人们，如果你希望自己成为一名成功者，那么，从现在开始，你就得放下空想，给自己规划一个详细的人生目标，并从实际出发去为之奋斗。只要你这么想了，也这么做了，那么你的人生最终就是成功的。否则，你永远只能“做梦”，而无法实现“梦想”。

公元1809年，在一个荒凉的肯塔基州农场里，诞生了一位叫亚伯拉罕·林肯的小婴儿，他就是美国第十六任总统。

林肯十五岁的时候才开始认字母，每天早晚都要走四英里的森林小路到校求学。他买不起算术书，特地向别人借，再用信纸大小的纸片抄下来，然后用麻线缝合，自制一本算术书。他以不定期上课的方式在校求学，知识都是“一点一点学的”。他所受的正规教育，总共加起来不过十二个月左右。林肯能在很艰难的情况下发奋读书，是他不向命运屈服的表现，也是我们应该学习的地方。

林肯下田工作的时候，也将书本带在身边，一有空闲就看书。中午吃饭时，也是一手拿着玉米饼，一手捧书。他在被提名为总统候选人以后，曾说：“我能够达到这一点小成果，完全是日后应各种需要，时时自修取得的知识。”林肯由一个贫穷的孩子成长为统率美国的政治家的历程，深深地打动了我，他成功的关键在于奋发向上，努力不懈，迎接生活的挑战。林肯做到了，成功了。

林肯只是一个成功的典范，和他一样，出生在贫困的环境中，但通过自己的努力成就一番卓越事业的伟人有很多，可以说榜样的例子无处不在。命运掌握在我们自己手里，选择成功还是碌碌无为，取决于我们自己。

要知道，任何人不会随随便便成功，要成功，就要突破，就不能安于现状。做到突破，就要从现在开始，一步一个脚印，逐步提高自己，抓紧时间，奋斗进取，你就能拼搏出属于自己的一片天地。同时，当你跨过人生的沟坎之后，你会发现，原来，一切困难不过是前进路上的小石子，轻轻一脚就将它们踢开了。

的确，“空谈误国，实干兴邦”。大到国家，小到个人，万事万物都得由小到大。或许你现在做着看似不着边、没有前景的工作，但我们要坚信，事物发展的道路是迂回曲折的，巴纳德曾说过：“机会只偏爱那些有准备的人”。成功的秘诀在于开始着手。现在就采取行动，决不拖延，行动高于一切！把握现在的瞬间，从现在开始做。心动不如行动。

“一切用行动说话”，这是我们每个人都应该记住的，仅仅有理想是不够的，理想必须付诸行动，如果没有行动，那理想永远只是空想，只是空中楼阁，海市蜃楼，遥不可及。

生活中的人们，也许现在的你也有很多梦想，你可能希望自己成为一个著名企业家、一名人民教师、歌唱家等，但无论如何，你要知道，理想不同于妄想和幻想，目标要切实可行，行动要脚踏实地。这样，你离你的梦想就不远了。

看古今中外历史上的每一个伟人，无不既拥有超前的思想和超凡的行动力，又通过发挥自己的优势而赢得荣誉的。一句话，行动促成梦想。说一尺不如行一寸，也只有行动才能缩短自己与目标之间的距离，只有行动才能把理想变为现实。成功的人都把少说话、多做事奉为行动的准则，通过脚踏实地的行动，达成内心的愿望。

在1921年，当电报机发明成功25年之时，《纽约时报》有一篇文章谈到了电报对信息传播的重大作用。有十几个人，就从这报道中得到了启发。他们想，如果创办一份文摘刊物，让读者从大量的信息中获得自己需要的信息，肯定会受到欢迎。但当他们申请邮局发行时，得到的答复是因为还从没有过这类刊物，目前条件还不成熟，还要等一等。绝大多数申办者就只好等等再说。

这十几人中有一位叫华莱士的青年却毫不犹豫，他想：你邮局不发行，我可以自办发行呀，他没有等待，而是将订单装入2000个信封中，从邮局发往各地。

就这样，这位青年创办了世界上很少有的文摘刊物，它一下子拥有了不少读者，而且市场越来越广阔，这就是有名的《读者文摘》。到了2002年，这本刊物已成为世界性的刊物。它用19种文字出版，发行到127个国家，年收入达5亿多美元。

所以，不要怕实践你的梦想，不要因为恐惧而裹足不前，不要当生命走到尽头时，才恍然大悟到原来你可能有机会实现梦想，只是，你放弃了。有了梦想就不要空想，不妨勇敢地付出行动！不要在意别人的嘲笑。如果没有勇气去大胆地尝试，你永远都不会知道自己的潜力有多大！

因此，不管你的梦想多么高远，先做触手可及的小事。梦想是一个大目标，你需要做的是完成每天的小目标，这样，你离大目标就进了一步，每进一步，你就会增加一份快乐、热忱与自信，你就会消除一份恐惧，你就会更踏实，就会从积极的思考进展成为积极的领悟，那么，就没有一件事情可以阻挡得了你。

请为未来的幸福生活做好打算

我们都知道，任何一个有理想、有追求、有上进心的人，一定都有一个明确的奋斗目标，他懂得自己活着是为了什么。因而他的所有努力，从整体上来说都能围绕一个比较长远的目标进行，他知道自己怎样做是正确的、有用的，否则就是做了无用功，或者浪费了时间和生命。显然，成功者总是那些有目标的人，鲜花和荣誉从来不会降临到那些没有目标的人的头上。

所以，我们每个人都应该早励志，要尽早为未来的幸福生活做打算，你要想成为自己想成为的那种人，就要趁早努力。因为目标是一切成就的起点。一个人，只有确立了前进的目标，他才会最大可能地发挥自己的潜力。除此之外，努力是实现目标的唯一途径，只有不断努力，我们才能检验出自己的创造性，才能锻炼自己，造就自己。

人生是一个不断积累的过程，要想获得幸福，要想成为你想成为的人，你现在就要开始努力，树立一个切实可行的目标，制定奋斗的目标，然后勇敢地去执行，相信你能收获一个丰富多彩的人生。

在很多渴望成功的人眼里，石油大王洛克菲勒也是他们学习的榜样。他能从一无所有到拥有现在的商业帝国是一个传奇，但事实上，这却是他持之以恒、积极奋斗的回报，是命运之神对他艰苦付出的奖赏。他曾经对自己的儿子说过这样一句话：“我们的命运由我们的行动决定，而绝非完全由我们的出生决定。”生活中的我们也需要记住，一个人的命运如何，是掌握在自己手里的，出身只能决定我们的起点，不能决定我们的终点，对此，洛克菲勒的人生轨迹可以证明：

幼年时的他就开始随着父母过着动荡不安的生活，他们总是搬迁。到他11岁时，父亲因一桩诉讼案而出逃。此后，年仅11岁的洛克菲勒就担起了生活重担。

后来，对知识的渴望，让他在商业专科学校学习了三个月，在学会了会计和银行学之后，就辍学了。

出了学校的洛克菲勒，刚开始在休伊特·塔特尔公司做会计助理。在工作中，他始终不忘学习。每次，当休伊特和塔特尔讨论有关出纳的问题时，洛克菲勒总是认真倾听，从中汲取知识。另外，洛克菲勒在这家公司从业期间，为公司带来不少效益，赢得了老板的赏识。

洛克菲勒很细心，每次在公司交水电费的时候，都要逐项核查后才付款。而老板只看总金额，这很快，让洛克菲勒取得了老板的信任。

还有一次，公司高价购买的大理石有瑕疵，洛克菲勒巧妙地为公司索回赔偿。休伊特很欣赏他，就给他加了薪。

后来，洛克菲勒从一则新闻报道中得知由于气候原因英国农作物大面积减产。于是他建议老板大量收购粮食和火腿，老板听从了他的建议，公司因此而获取了巨额利润。

成绩斐然的洛克菲勒要求加薪，遭到了休伊特的拒绝。于是，洛克菲勒离开公司决定创业。洛克菲勒只有800美元，而创办一家谷物牧草经纪公司至少要4000美元。于是他和克拉克合伙创业，每人各出2000美元。洛克菲勒想办法又筹集了1200美元，才凑够了2000美元。这一年，美国中西部遭受了霜灾，农民要求以来年的谷物作抵押，请求洛克菲勒的公司为他们支付定金。公司没有那么多资金，洛克菲勒从银行贷款，满足了农民的需要。经过一年的苦心经营，获利4000美元。

而如今，洛克菲勒中心的53层摩天大楼坐落在美国纽约第五大道上。

这里也是标准石油公司的所在地。标准石油公司创立之初（1870年)仅有5个人，而今天该公司拥有股东30万人，油轮500多艘，年收入已达五六百亿美元，可以说，这里的一举一动牵动着国际石油市场的每一根神经。

洛克菲勒的人生就是从一个周薪只有5美元的簿记员开始的，但经过不懈的奋斗却建立了一个令人艳羡的石油王国。洛克菲勒的成功并不是一个神话，他只是更懂得用行动和智慧来经营人生，他有一双发现机会的慧眼。他从为别人打工开始，就显示出了与众不同的智慧。

这个真实的故事再次让我们坚信：一个人如果在年轻时就树立一个目标，并坚持不懈地为之努力，那么，他一定会是一个成功的人。

人只有树立了目标，内心的力量和头脑的智慧才会找到方向。目标是对于所期望成就的事业的真正决心。如果一个人没有目标，就只能在人生的旅途上徘徊，永远到不了任何地方。正如空气对于生命一样，目标对于成功也有绝对的必要。如果没有空气，人就不能生存；如果没有目标，没有任何人能成功。

所以，生活中的人们，如果你希望在未来过上幸福的生活，从现在开始，你就要做好打算，并且开始努力，再也不要被那些消极的思维左右了，不要认为自己年纪大，不要认为自己愚笨，成为一个积极向上的人，培养自己的热忱，找到自己的目标，我们就能为自己做一个准确的定位，就能实现自己的人生目标。

在不断摸索和尝试中找到适合自己的目标方向

我们都承认一点，每个生存于世的人都是特别的，都是单独的个体，人与人之间虽然没有优劣之分，但却有很大的不同。人生路上，摆在我们面前的，有千百条路，但真正适合你的路才有助于你的发展，所以我们每个人都要知道自己的特长在哪，都应该量力而行，都应该审时度势，努力寻找有利条件；不能坐等机会，要自己创造机会，在这个不断尝试和摸索的过程中，大器晚成的摩西奶奶就曾告诫年轻人："去尝试，去选择"。她的成就也是得益于她找到了适合自己的一条路，从而发挥自己的价值。

同样，生活中的每一个人，都应该尽力找到自己的最佳位置，找准属于自己的人生跑道。当你的事业受挫，不必灰心也不必丧气相信坚强的信念定能点亮成功的灯盏。

松下幸之助曾说，人生成功的诀窍在于经营自己的个性长处，经营长处能使自己的人生增值，否则，必将使自己的人生贬值。他还说，一个卖牛奶卖得非常火爆的人就是成功，你没有资格看不起他，除非你能证明你卖得比他更好。

据说，有一次，爱因斯坦上物理实验课时，不慎弄伤了右手。教授看到后叹口气说："唉，你为什么非要学物理呢？为什么不去学医学、法律或语言呢？"爱因斯坦回答说："我觉得自己对物理学有一种特别的爱好和才能。"

这句话在当时听来似乎有点自负，但却真实地说明了爱因斯坦对自己有充分的认识和把握。而现实生活中，一些人在人生发展的道路上，却把命运交付到别人手中，或者人云亦云，盲目跟风，他们忽视了自己的内在潜力，看不到自身强大的力量，甚至不知道自己到底需要什么，不知道未来的路在哪里，于是，他们浑浑噩噩地度过每一天，一直在从事自己不擅长的工作和事业，以至于一直无所成就。

很多成就卓著的人士的成功，首先得益于他们充分了解自己的长处，根据自己的特长来进行定位或重新定位。

奥托·瓦拉赫是诺贝尔化学奖获得者，他的成才历程极富传奇色彩。

瓦拉赫在开始读中学时，父母为他选择的是一条文学之路，不料一个学期下来，老师为他写下了这样的评语："瓦拉赫很用功，但过分拘泥，这样的人即使有着完美的品德，也绝不可能在文学上发挥出来。"

此时，父母只好尊重儿子的意见，让他改学油画。可瓦拉赫既不善于构图，又不会润色，对艺术的理解力也不强，成绩在班上是倒数第一，学校的评语更是令人难以接受："你是绘画艺术方面的不可造就之才。"

面对如此"笨拙"的学生，绝大部分老师认为他已成才无望，只有化学老师认为他做事一丝不苟，具备做好化学实验应有的品格，建议他试学化学。

父母接受了化学老师的建议。这不，瓦拉赫智慧的火花一下被点着了。文学艺术的"不可造就之才"一下子变成了公认的化学方面的"前程远大的高才生"。在同类学生中，他遥遥领先……

可见，成功是多元的，并没有贵贱之分，适合自己的、自己擅长的就是最好的，也便是成功的。瓦拉赫的成功，说明这样一个道理：人的智能发展都是不均衡的，都有智能的强点和弱点，人一旦找到自己的智能的最佳点，使智能潜力得到充分的发挥，便可取得惊人的成绩。这一现象人们常称为"瓦拉赫效应"。幸运之神就是那样垂青于忠于自己个性长处的人。

尺有所短，寸有所长。一个人也是这样，你这方面弱一些，其他方面可能就强一些，这本是情理之中的事情，找到自己的优势和承认自己的不足一样，都是一种智慧。其实每个人都有自己的可取之处。比如说你也许不如同事长得漂亮，但你却有一双灵巧的手，能做出各种可爱的小工艺品；比如说你现在的工资可能没有大学同学的工资高，不过你的发展前途比他的大等。

成功学专家A·罗宾曾经在《唤醒心中的巨人》一书中非常诚恳地说过："每个人都是天才，他们身上都有着与众不同的才能，这一才能就如同一位熟睡的巨人，等待我们去为他敲响沉睡的钟声……上天也是公平的，不会亏待任何一个人，他给我们每个人以无穷的机会去充分发挥所长……这一份才能，只要我们能支取，并加以利用，就能改变自己的人生，只要下决心改变，那么，长久以来的美梦便可以实现。"

所以，年轻人要知道，一个人在这个世界上，最重要的不是认清他人，而是先看清自己，了解自己的优点与缺点、长处与不足等。弄清楚这一点，就是充分认识到自己的优势与劣势，容易在实践中发挥比较优势，如果无法发现自己的不足，就会使你沿着一条错误的道路越走越远，而你的长处，却被你搁浅，你的能力与优势也就会受到限制，甚至使自己的劣势更加劣势，使自己处于不利的地位。所以，从某种意义上说，是否认清自己的优势，是一个人能否取得成功的关键。

当然，要想发展自身的优势，首先要做到对自我价值的肯定，这不但有助于我们在工作中保持一种正面的积极态度，进而转换成积极的行动，无疑是一项超强的利器。

做好职业规划，目标明确才更有动力

人活于世，任何人都有自己人生的目标。同样，身为职场人士，我们也应该有自己的职业目标，职业目标是引领职业成功的关键。并且，在未来，你走的职业之路并不一定是按照你的职业规划来进行的，而这种情况下，做职业规划就更有必要了，因为只有这样，你才能清楚地知道自己当下所处的位置，才能看清自己现下的状况与长期目标是不是偏离了，才能作出调整等。最重要的是，目标指导行动，任何一个有抱负的职场人绝不允许自己有拖延的习惯，从这一点看，我们也要为自己做好职业规划。

小李已经毕业两年了，在这两年内，她跳了五次槽，先后从事了性质不同的四份工作：民办学校的教师、教育机构的咨询员、办公器材的销售员、保险的推销员。这四份工作只有做教师与她的专业对口，其他都是在招聘单位急需用人她也急需工作的时候达成的，那时单位不考虑她的专业，她也不考虑工作的性质，她只看薪水和招聘单位的承诺，只要薪水满意或者未来的薪水令她满意，她就去做。

就这样，她像走马灯似的换了四家单位，换了四种工作。

这一次，小李拿着她的中文简历找到一个猎头，希望猎头能为她翻译成英文简历。她说她看好了一家各方面都不错的外资企业，薪水尤其诱人，所以想制作一份英文简历试试运气。

这位猎头一看这份简历，发现小李用的还是她大学毕业时的简历，只是在工作经历一栏多了几行字，也只有从工作经历里才能看出她不是一个应届毕业生。猎头摇了摇头。

看到猎头的反应，小李其实也明白自己的工作经历没有什么说服力，在叙述工作经历的时候一笔带过，而且把自己的四次跳槽进行了排列组合，将四次改成了两次。

这里，单从小李工作的种类上来看，她所从事的职业无疑是丰富的，经历也是复杂的。但是这种经历在质量上很难让人信服，实在是缺乏说服力。为什么会这样呢？因为她没有明确自己的职业目标，不知道自己要做什么，能做什么，最终导致职业失去了方向。

小李的经历说明，我们要掌握在职场的主动地位，最主要的就是要有一份职业规划。你需要明确制定未来三年、五年甚至十年、二十年的职业目标，给自己的职业生涯一个定位。这就是职业规划的作用，它使你能时刻感知自己的存在。

所谓的缺乏职业规划，就是指职场人士在步入职场之前或者在职场中，缺乏对自己能力和发展的明确认识，更没有认清自己所处的职场环境。很多职场人士，他们往往处于这种“不知己不知彼”的状态中，走一步算一步，不知道自己未来的走向如何，更不知道自己可以朝着哪个方向走。不少人连初始的职业选择都存在着困难，很多人不知道自己能干什么，适合干什么，喜欢干什么。其结果，必然导致做了一份自己不愿意做的工作，或者是做了一份不适合自己做的工作，这样的话只会导致工作失去热情、散漫和拖延，前途肯定堪忧。

那么，一个完备的职业规划是怎样的呢?

我们每个人都可以给自己定一个长期的目标和短期的目标，综合起来就是职业规划，长期目标指的是你到某一年龄段要达到的目标，而短期目标则是当下或者近期你想达到的，两者并不矛盾，而是统一和谐的。

同时，在制定目标之前，你首先要做的就是了解自己。一方面是了解自己的能力和特长，另一方面也是了解自己的性格特点及兴趣爱好，看能否达到一个完美的结合。如果不能，那么应该偏向于哪个角度发展则需要自己的理性选择了。

为此，你首先要清楚地知道自己能做什么，这是基础，而喜欢做的事情却未必就有机会去做，或者说，适合自己做的事情也未必有机会去做。比如，通过职业倾向性测试可以了解自己适合做什么行业，但是现实却未必能给自己这个机会。所以，自己的能力和特长才是进入职场的基础，也是和其他人竞争的实力所在。

其次，你要了解自己的兴趣。至于自己喜欢做的事情，可以作为长远规划来处理。

现代管理学之父彼得·得鲁克有一句话："我们大大高估了自己一年以后能够做到的事，却大大低估了五年以后自己可能做到的事。"

最后，适合自己做的事情也未必有机会去做。比如：

长期目标（5年、10年或15年）：这个目标会帮你指引前进的方向，因此，这个目标能否决定好，将决定你很长一段时间是否在做有用功。当然，长期目标还要求我们不可拘泥于小节。东西离你越远，就显得越不重要。

中期目标（1~5年）：也许你希望自己能拥有房子、车子、升职等，这些就属于中期目标。

短期目标（1~12个月）：这些目标就好比是一场淘汰制比赛中歌唱预赛的胜出，它能鼓舞你不断努力、不断前进。这些目标提示你，成功和回报就在前方，鼓足干劲，努力争取。

即期目标（1~30天）：一般来说，这是最好的目标。它们是你每天、每周都要确定的目标。每天当你睁开眼醒来时，你就需要告诉自己：今天相对于自己，我要达到什么样的突破，而当你有所进步时，它们能不断地给你带来幸福感和成就感。

因此，每一个深处职场的人都要先问问自己：五年之后、十年之后、二十年之后我的职业目标是什么？要达成这些目标，我还需要补充什么？意向中的那个职位究竟在哪些方面能帮助我提升？了解这些，也许对你的职场前景的转换更有帮助。

第四章

有点雄心，眼界决定未来的前程

当今社会，人与人之间的竞争越发激烈。我们每个人都必须具备竞争意识。如果你们想提升竞争力，在竞争中脱颖而出并走向成功，还必须具备一个前提条件，那就是志向和雄心，这是我们不断努力、不断进取的动力。任何伟大而卓越的人，之所以能够永无止境地创造和超越卓越，就在于他们有雄心。有雄心的人才能眼光长远，勤奋进取，为自己赢得机遇，一举获得成功。

要有敢争第一的雄心

我们都知道，喷泉的高度不会超过它的源头；一个人的成就不会超过他的信念。而我们所走的路，也不会比我们的思想所能延伸的更远，所以，如果我们想让行动领先一步，首先就必须要有雄心。

现代社会的人们，如果你想活出一个不平凡的人生，如果你想成为一个成功的人，那么，从现在起，就尽早为自己树立一个足以为之奋斗的理想吧！一个连想都不敢想的人又怎么会成功呢？

美国钢铁大王卡内基，少年时代从英格兰移民到美国，当时真是穷透了，正是“我一定要成为大富豪”这样的信念，使得他于19世纪末在钢铁行业大显身手，而后涉足铁路、石油，成为商界巨富。洛克菲勒、摩根也都是满怀欲望，并以欲望为原动力，成为资本主义初期美国经济的胜利者。

世界首富比尔·盖茨的格言是：“我应为王。”即使屈居第二，对他来说，也是不可忍受的。他曾经对他童年要好的朋友说：“与其做一株绿舟中的小草，还不如做秃丘中的一棵橡树，因为小草任人践踏，而橡树昂首天穹。”

在学习上，盖茨一直是出色者。在读中学时，他的数学是最好的。即便他后来上了哈佛，他在数学学习上也一直是佼佼者。有人断言，如果日后，盖茨能在数学上继续发展，他也会成为一名优秀的数学家。可是，他不甘人后，他发现，还有几个同学在数学方面比他更胜一筹，于是，他放弃专攻数学的打算。因为他有一个信条：在一切事情上，不屈居第二。他的同学回忆说：“比尔不管做什么事情都要弄它个登峰造极，不到极致决不甘心。”

这种要成为杰出者的欲望，盖茨在小时候就已经表现出来了。他的同学曾回忆说："任何事情，不管是演奏乐器还是写文章，除非不做，要做他就会倾其全力来完成。"

盖茨读四年级时，老师给他布置了一道作业，要他写一篇四五页长的关于人体特殊作用的文章，结果，盖茨一口气写了30多页。还有一次，老师叫全班同学写一篇不超过20页的短故事，而盖茨却写了100多页。

可见，盖茨之所以能成为软件霸主，聪明并不是第一位的，他不愿屈居第二的志气才是成功的真正动力。

推销大师吉拉德的成功，也是源于他相信自己能成功的信念。

小时候吉拉德的父亲总是给他灌输一种消极的思想——"你永远不会有出息，你只能是个失败者。"这些思想令他害怕。而吉拉德的母亲却相反，她给他灌输的是一种积极的思想：对自己有信心，你绝对会成功的，只要你想成为什么，你就能做到。从父母那里，吉拉德时时受到两种相反的力量，这两种力量一方面令他害怕，另一方面也让他产生信心。而最终，母亲传输给他的这种思想胜利，这就是为什么他能实现自己的梦想。

比尔·盖茨和吉拉德的故事都再次证明了一个观点——内心不渴望的东西，它永远不可能靠近自己，你必须具有强烈的渴望成功的愿望，这一点非常重要。信心能使人产生勇气。假使我们对自己都没有信心，世界上还有谁会对我们有信心呢？也就是说，一个人的信念是是他一切行动的开始，也是他能否成功的重要因素。一个人的成果不会超过信念本身。

为什么在现实中有些人受人敬重，有些人被人看不起甚至被人踩在脚下？前者是因为他们有野心，凡事努力；而后者，他们得过且过，即使掉在队伍后面，也不奋起直追，这就注定了这类人无法成大事。有野心，是一种积极向上的心态，它为所有人创造了一种前进的动力。在很多时候，成功的主要障碍，不是能力的大小，而是我们的心态。

上帝赋予我们聪明的头脑和坚强的肌肉，不是让我们成为失败者，而是让我们成为伟大的赢家的。因为成功者永远有超出众人之外的、敢于力

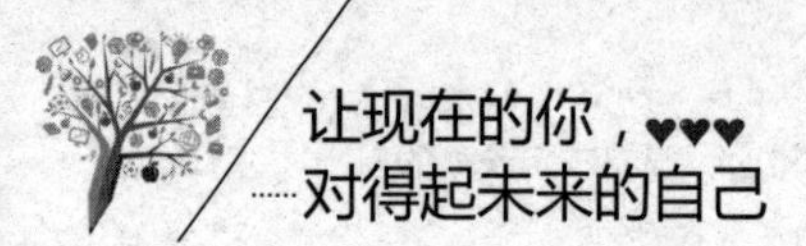

争第一的心态。力争第一，如同成功道路上的一盏明灯，指引人们永远向着光明的前方奋进。

当今社会，人与人之间的竞争越发激烈。每个人都必须具备竞争意识。如果你们想提升竞争力，在竞争中脱颖而出并走向成功的话，还必须具备一个前提条件，那就是志向和雄心，这是我们不断努力、不断进取的动力。事实上，成功者永远有超出众人之外的、敢于力争第一的雄心，雄心就如同成功道路上的一盏明灯，指引人们永远向着光明的前方奋进。

可见，雄心是人类行为的推动力，人类通过拥有雄心，可以有力量攫取更多的资源。没有志向的人是可悲的，就像一只无头苍蝇，不知道前方的路在哪里。

总之，新时代的年轻人，如果你希望自己能够得到重用，如果你希望自己能成为一个成功的人，如果你不甘于平庸，就一定要有雄心，要从内心决定做第一。这样在你的意识中你会有信心做到完美，你的个性也才会真正成熟起来。相反，不想做得更好，就会做得更差。如果你自甘沉沦，不追求卓越，懒得提高自己的能力，那么，你是不会有所进步的。

想法决定活法，起点并不决定成功

生于社会中的人，都有着自己的梦想，都幻想着自己成功的无数可能，然而，面对手头卑微的工作，他们总是抱怨自己生不逢时，没有高学历、没有资本，没有贵人相助……殊不知，成功人士何尝不是从基层做起的？现在的强者，何尝不是曾经的弱者？

起点低并不重要，重要的是你有没有进取心，如果你毫无野心、做一天和尚撞一天钟，那么，你永远只会庸庸碌碌、毫无成就。的确，进取心是人类聪明的源泉，它是威力最强大的引擎，是决定我们成就的标杆，是生命的活力之源。美国迪斯尼乐园的创始人沃尔特·迪斯尼曾说：做人如果不继续成长，就会开始走向死亡。齐白石到93岁时才画了600幅画，歌德到80岁的时候才写出世界名著，的确，进取是没有止境的，任何人都不能满足于现状，而需要不断地开拓新的领域。

早川德次是日本著名的早川电机公司的董事长，这家公司因为生产著名的夏普电视机而闻名于世，而早川德次却是一个命运坎坷的人。在他上小学二年级时，他的父亲就去世了，他不得不去一家首饰加工店当童工。

早川是个坚强的人，在他很小的时候，他就告诉自己："即使我没有疼爱我的长辈，但我一定要努力生活，做出一番成绩来。"

童工生活是辛苦的，他在首饰店每天的工作除了烧饭、带孩子就是干一些体力活。时间过得很快，一晃四年过去了，有一次，小早川终于鼓起勇气向老板提出："老板，请您教我一些做首饰的手工好吗？"

老板一听，生气地对他说："小孩子，你能干什么呢？你喜欢学的话，自己去学好了！"

早川一想，是啊，为什么要靠别人，自己去学吧，从那以后，他开始留心店里的技术活，尤其是当老板找他帮忙时，他都尽量多看、多想，渐渐地，他靠自己的努力学到了一些工作上的知识和技能。

功夫不负有心人，他成了一个耳聪目明的人，18岁时他就发明了裤带用的金属夹子，22岁时发明了自动笔。他有了发明，老板便资助他开了一家小工厂。

这种自动笔很受大众喜爱，风行一时。世界没有给他任何东西，但他却给世界很多。30岁时，在他赚到1000万日元以后，就把目标转向收音机界，建立平川电机公司。

早川德次为什么能够成功？因为他有梦想，也能够从零学起，把梦想归于实践。并不是大多数人命中注定不能成为大人物，而是他们从来没有想过成为那样伟大的人物！是想要，还是一定要？一个人"不是一定要"的时候，连小石头都可挡住他的去路；但是"一定要"的人，再大的障碍

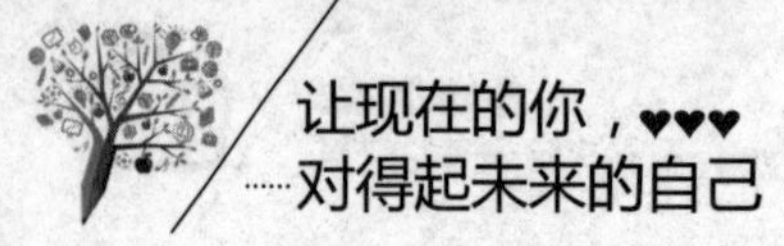

都挡不住他想要的结果！

所以，想法决定活法，即便你起点低，但人生总是充满无限的可能，而且，几乎所有的成功人士，刚开始所从事的工作都是卑微的，甚至是烦琐的，无聊的，但他们却不忘积聚自己的实力，在长久的努力中，他们厚积薄发，实现梦想。

20世纪30年代，英国一个不出名的小镇里，有一个叫玛格丽特的小姑娘，从小就受到严格的家庭教育。父亲经常向她灌输这样的观点：无论做什么事情都要力争一流，永远做在别人前头，而不能落后于人。“即使是坐公共汽车，你也要永远坐在前排。”

正是因为从小就受到父亲的“残酷”教育，才培养了玛格丽特积极向上的决心和信心。在以后的学习、生活或工作中，她时时牢记父亲的教导，总是抱着一往无前的精神和必胜的信念，尽自己最大努力克服一切困难，做好每一件事情，事事必争一流，以自己的行动实践着“永远坐在前排”。

玛丽格丽特上大学时，学校要求学五年的拉丁文课程。她凭着自己顽强的毅力和拼搏精神，硬是在一年内全部学完了。令人难以置信的是，她的考试成绩竟然名列前茅。

其实，玛格丽特不光在学业上出类拔萃，她在体育、音乐、演讲及学校的其他活动方面也都一直走在前列，是学生中的佼佼者。当年她所学校的校长评价她说：“她无疑是我们建校以来最优秀的学生，她总是雄心勃勃，每件事情都做得很出色。”

正因为如此，四十多年以后，英国乃至整个欧洲政坛上才出现了一颗耀眼的明星，她就是连续四年当选保守党领袖，并于1979年成为英国第一位女首相，雄踞政坛长达11年之久，被世界政坛誉为“铁娘子”的玛格丽特·撒切尔夫人。

从这个故事中，我们可以发现，一个人的行动是受理想支配的，一个人，只要积极向上、朝着自己的梦想和目标奋进，即便当下做着卑微的工作，他始终会有成功的一天。为此，生活中的人们，你们也要大胆地编织自己的梦想，让自己的理想超前一些，你的行动就会领先一步，你才能拥有学习的动力。心存梦想，力争上游的人，他的每一天都是积极的，长此以往，必定有不凡的成就。

所以，进取心塑造了一个人的灵魂。每个人所能达到的人生高度，无不始于一种内心的状态。任何一个人，无论你现在做什么工作，起点有多低，都要力求更好，时时努力超越自己。希望和欲念是生命不竭的原因所在。记住无论在什么境况中，你都必须有继续向前行的信心和勇气，生命的生动在于永远不要放弃。

没有不可能，不能不想做

我们都知道，成功并不是轻而易举就能获得的，但只要能够保持清醒的头脑和冷静的态度，并积极思考，就能寻找到人生的突破口，开创出事业上的一天新天地。所以，对于梦想，我们首先要做的是摒弃“不可能”的想法，因为自信会让你不断努力，让你产生源源不断的动力，正如石油大王洛克菲勒曾经说过一句话：“对我来说，第二名跟最后一名没有什么两样。”其次，要成功就要从小事做起，不断积累实力，向成功迈进。

高尔基有句名言：“只有满怀自信的人，才能在任何地方都把自信沉浸在生活中，并实现自己的意志。”古往今来，成功人士虽然从事不同的职业，具有不同的经历，但有一点是共同的：他们都充满自信，由此激励自己自爱、自强、自主、自立。

埃及人想知道金字塔的高度，但由于金字塔又高又陡，测量困难，为此他们向古希腊著名哲学家泰勒斯求救，泰勒斯愉快地答应了。只见他让助手垂直立下一根标杆，不断地测量标杆影子的长度。开始时，影子很长很长，随着太阳渐渐升高，影子的长度越缩越短，终于与标杆的长度相等了。泰勒斯急忙让助手测出金字塔影子的长度，然后告诉在场的人：这就是金子塔的高度。

那么，生活着的人们，你们的人生高度该怎样来测算呢？实际上，无论你现在处于什么样的境况，只要你不甘于现状，并积极为未来思考，寻找出路，就没有什么达不到的目标，你要相信自己，你有资格获得成功与幸福！

那么，很多人也处于贫贱之中，为什么没能做出什么成就？如果一个人屈服于贫贱，那么贫贱将折磨他一辈子；如果一个人性格刚毅，敢于尝试，不怕冒险，他就能战胜贫贱，改变自己的命运。

美国历史上第一位荣获普利策新闻奖的黑人记者伊尔·布拉格，在回忆自己的童年经历时说：“我们家很穷，父母都靠卖苦力为生。我一直认为，像我们这样地位卑微的黑人是不可能有什么出息的，也许一生只会像父亲所工作的船只一样，漂泊不定。”

布拉格9岁那年，父亲带他去参观梵高的故居。在那张著名的吱嘎作响的小木床和那双龟裂的皮鞋面前，布拉格好奇地问父亲：“梵高不是世界上最著名的大画家吗？他难道不是百万富翁？”父亲回答他说：“梵高的确是世界著名的画家，同时，他也是一个和我们一样的穷人，而且是一个连妻子都娶不上的穷人。”

又过了一年，父亲带着布拉格去了丹麦，在童话大师安徒生墙壁斑驳的故居，布拉格又困惑地问父亲：“安徒生不是生活在皇宫里吗？可是，这里的房子却这样破旧。”父亲答道：“安徒生是个砖匠的儿子，他生前就住在这栋残破的阁楼里。皇宫只在他的童话里才会出现。”

从此，布拉格的人生观完全改变。他不再自卑，不再以为只有那些有钱有地位的人才会出人头地。他说：“我庆幸有位好父亲，他让我认识了梵高和安徒生，而这两位伟大的艺术家又告诉我，人能否成功与贫富毫无关系。”

从现在开始，生活中的人们，请你要为错失良机而叹息，不要因为一时的失败而惶恐，更不要失去了追求更高目标的信念和勇气，你应该有“天生我材必有用”的信心和豪情，充满自信地走向生活！

生活中，失败平庸者多，除是心态问题外，还有思维能力，他们在遇到问题时，主要总是挑选容易的倒退之路。“我不行了，我还是退缩吧。”结果陷入失败的深渊。成功者遇到困难，他们能心平气和，并告诉自己：“我要！我能！”“一定有办法”。因此，我们的思维也需要做到与时俱进。有时候，可能你觉得你已经进入了死胡同，但事实上，这只是你没有找到出路而已，而改变事物的现状就是运用思维的力量，思路一变方法来，想不到就没办法，想到了又非常简单，人的思维就是这样奇妙。

所以，如果你渴望成功，渴望获得荣誉，就不妨从现在起，开始为你的目标积极思考吧，不要认为你办不到，不要存有消极的思想，你潜在的能力足以帮助你实现它。

当然，除了要有积极的思维方式外，成功的另一大重要因素是注重基础的积累。

有人问洛克菲勒：“成功的秘诀是什么？”他说：“重视每一件小事。我是从一滴焊接剂做起的，对我来说，点滴就是大海。”的确，不关注小事或者不做小事的人，很难相信他会做出什么大事。做大事的成就感和自信心是由做小事的成就感积累起来的。一切的成功者都是从小事做起，无数的细节就能改变生活。成功者之所以成功，在于他们不因为自己所做的是小事而有所倦息。

因此，生活中的人们，你始终要记住的是，无论你的目标有多大，你都需要从小事做起，从手头工作开始。平庸和杰出的差距就在一些细节中，这是一个细节制胜的时代，对于自己的工作无论大小，都要了解得非常透彻，数据应该非常准确，事实也应该非常真实，这样才能脚踏实地完成宏伟的目标。

的确，很多小事，你能做，别人也能做，只是做出来的效果不一样。

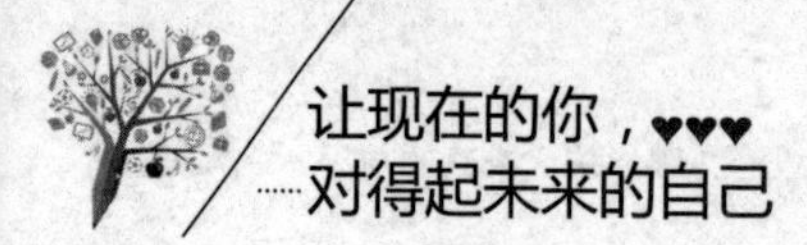

往往是一些细节上的功夫，决定着事情完成的质量。

毫无疑问，每个人都渴望成功。但成功要靠一步步的积累，一个人能否成就卓越，取决于他是否做什么事都力求做到最好，其中自然也包括那些再平凡不过的小事。事实上，会利用机会的人，往往不是那些把机会奉为神明的人，他们从没把希望寄托在机遇上，他们知道，大事业是从小处开始的，他们明白，一砖一木垒起来的楼房才有基础，一步一个脚印才能走出一条成功的道路。

总之，无论你现在从事什么工作，你的职位如何，那种大事干不了、小事又不愿干的心理都是要不得的。要知道，没有人可以一步登天，当你认真对待每一件小事，你会发现自己的人生之路越来越广，成功的机遇也会接踵而来。能否把握细节并予以关注就成了一个人素质与能力的体现。

放眼未来，不要怕眼前的苦与累

生活中的任何人，都有自己的梦想，都希望成功，成功是人们追求的永恒目标，但无论你选择什么目标，都要勇往直前，在这条路上，你不但要拥有坚韧和耐心，还要做到放眼未来，坚定必胜的信念，这样即便再苦、再累，也会勇敢地与困难拼搏，那么，就一定能有所成就。人们常说，成大事者，必有坚忍不拔之志，胜利只属于坚持到最后的人。成功的人之所以能够成功，就是因为他们有坚忍不拔的毅力，能看到困境中的希望，并把失败化作无形的动力，从而反败为胜。

我们不能否认一个事实，很多人都经历着种种苦难，遭受着种种挫折和打击，这的确是人生的不幸。可是，人们也惊奇地发现，无数杰出的成功者都是从苦难中走出来的，正是苦难成就了他们，苦难对于他们来说，是上天的一种恩赐。

格哈德·施罗德出生在一个工人家庭，小时候，施罗德兄妹五人与母亲相依为命。有一段时间里，他们住在一个临时搭建的收容所里，尽管母亲每天工作长达14个小时，但仍然不能满足家里的开支。年仅6岁的施罗德总是安慰母亲：“别着急，妈妈，总有一天我会开着奔驰来接你的。”

逐渐长大的施罗德进了一家瓷器店当学徒，后来又在一家零售店当学徒，在1963年施罗德加入了民主党。在之后的10年里，他读完了夜校和中学，后来到格丁根通过上夜大来攻读法律。大学毕业后，他获得了律师资格，成了一名律师，不久之后，他当选为社民党格廷根地区青年社会主义者联合会主席。在以后的日子里，施罗德一直活跃于德国政坛，46岁那年，施罗德再次竞选成功，成为萨克森州州长，就是在这一年，施罗德实现了儿时的愿望，开着银灰色奔驰轿车将母亲接走了。也许，是儿时的苦难记忆，让施罗德在人生的道路上丝毫不敢懈怠，8年之后，施罗德一举击败连续执政16年之久的科尔，当选为德国新总理。

童年时期的施罗德曾在杂货铺里当学徒，那时他常说的一句话是：“我一定要从这里走出去！”他成功了，而且，比自己想象中走得更远。即使，在成功的路上伴随着困难，但是，施罗德从来没有把困难当成一回事，儿时的记忆让他明白：自己必须忍耐贫穷生活带来的枯燥与痛苦，不断地前行，这样才能赢得成功。

所以，不怕吃苦的人才会有所成就。在你的人生路上，也许会沼泽遍布，荆棘丛生。也许会山重水复，也许会步履蹒跚，也许，你们需要在黑暗中摸索很长时间，才能找寻到光明……但这些都算不了什么，只要你能把握自己该干什么，那么就应该勇敢地去敲那一扇扇机会之门。

也许在一些人看来，吃苦受累是失败的表现，诚然，经历苦难是一种痛苦，因为苦难常常会使人走投无路，寸步难行，苦难常常会使人失去生活的乐趣甚至生存的希望。但目标远大的人，都能看到苦难背后的力量，他们把吃苦看作是人生一种重要的体验和千金难买的财富。

拿破仑幼时的生活是十分清苦的。他的父亲是出身科西嘉的贵族，后来家道中落而一贫如洗。但他仍多方筹措费用，把拿破仑送到柏林市的一所贵族学校去求学。拿破仑破衣蔽履，常受那些贵族子弟的欺负和嘲笑。

就这样，拿破仑忍受着那些同学的作威作福，继续求学了5年之久，直到毕业为止。在这5年里，他受尽了同学们的各种欺负凌辱，但每受一次欺负和凌辱，就愈使他的志气增长一分，他决心要把最后的胜利拿给他们看。

他暗自决定痛下苦功、充实自己，使自己将来能够获得远在那些纨绔子弟之上的权势、财富和荣誉。因此，当同伴们利用闲暇时间自娱时，他则独自苦干，把全部精力都放在书本上，希望用知识和他们一争高下。

拿破仑读书有着明确的目的，他专心寻求那些能使他有所成就的书来读。他在孤寂、闷热、严寒中，从不间断地苦学了好几年，单单从各种书籍中摘录下来的文摘，就可印成一部四千多页的巨书了。此外，他更把自己当成正在前线指挥作战的总司令，把科西嘉当作双方血战的必争之地，画了一张当地最详细的地图，用极精确的数学方法，计算出各处的距离远近，并标明某地应该怎样防守，某地应该怎样进攻。这种练习，使他的军事知识大大进步。

拿破仑的上级认识了他的才学之后，就将他升任为军事教官。从此，他便飞黄腾达起来，直到获得全国最高的权势。

拿破仑的成功向人们证明了一点：艰难困苦中知否能崛起，考验的是你的毅力，压力也会让人产生巨大的潜在力量，所以你要学会挑战自己，淘汰自己，让自己面对困难和挑战，这是你前进的动力。

很多人之所以不能迈出人生的关键一步，就是因为每当他感到压力的时候，就会一蹶不振，很难把失败的惩罚当作不断前进的新动力。任何要想成功的人，他首先要学会的就是放眼未来，做到坚忍不拔，超越失败，这样成功才会离你越来越近。

敢于冒险也是一种长远投资

作为一个平凡的人，我们每个人都害怕失败，渴望成功，于是，人们在做一件事之前，都会产生各种顾虑，都会迟疑不定，而实际上，正是因为迟疑，人们开始恐惧、左思右想，最终被恐惧扰乱心境而不敢执行。在任何一个领域里，不敢冒险的人，就不会获得成功。

据社会学专家预测，未来的社会将变成一个复杂的、充满不确定性的高风险社会，如果人类自由行动的能力总在不断增强的话，那么不确定性也会不断增大。生活中的人们，你应该意识到，各种变化已经在我们身边悄然出现，勇敢地投身于其中的人也越来越多，而如果你不积极行动起来、缺乏竞争意识、忧患意识，安于现状、不思进取，还没被惊醒的话，就会被时代所抛弃，被那些敢于冒险的人远远甩在后面。当然，现阶段，你应该把眼光重点放在培养自己的冒险精神上。所以，从这一角度来看，敢于冒险也是有远见的表现，也是一种长远投资。

石油大王洛克菲勒曾说："与其生活在既不胜利也不失败的暗淡阴郁的心情里，成为既不知欢乐也不知悲伤的懦夫，倒不如不惜失败，大胆地向目标挑战！"他这句话是要鼓励人们勇于改变安稳的现状、敢于冒险。事实上，我们也发现，洛克菲勒本人就是个野心勃勃的人。

1870年，标准石油公司成立，洛克菲勒任总裁，该公司资产100万美元。洛克菲勒放言，"总有一天，所有的炼油和制桶业务都要归标准石油公司。"公司主要负责人不领工资，只从股票升值和红利部分中提成。"不领工资只分红"这个制度创新一直影响着现在的美国企业。洛克菲勒坚信"一个人往往进入只有一件事可做的局面，并无供选择的余地。他想逃，可是无路可逃。因此他只有顺着眼前唯一的道路朝前走，而人们称它为勇气。”以及“与其生活在既不胜利也不失败的暗淡阴郁的心情里，成为既不知欢乐也不知悲伤的懦夫的同类者，倒不如不惜失败，大胆地向目标挑战！”

的确，人生的旅途中，不敢冒险的人、不敢真正跨出第一步的人最终在给自己限定的舞台上越来越渺小。没有舞台的演员就像被缴械的军人，被剥夺了笔的画家，成功离他就越来越远。

当然，风险越大，报酬越高。机遇稍纵即逝，犹柔寡断，迟疑不决，将会错失良机。所以，你还需要有勇气。只有敢作敢为的人，才敢于承担责任和风险，才敢于直面困难和障碍，挫折和失败，才能抓住机遇获得成功。

世界著名企业家狄奥力·菲勒并非出生贵族和官宦之家，相反，他生于一个贫民窟，但幼时的他就表现出了与众不同的财富眼光。

很小的时候，他做了第一笔生意。那时，他想买玩具，可是又没钱，于是，他把从街上捡来的玩具汽车修好，让同学玩。然后向每人收0.5美元。不到一个星期的工夫，他挣到的钱就能买一辆新的车了。从这件事中，他收获颇多。

成年后的菲勒更是有着惊人的生意头脑。一次，日本的一艘货轮遇到了风暴，船上的一吨丝绸被染料浸过，上等的丝绸变成没人要的废品，面对这种情况，货主打算把这些布匹都扔了。菲勒听到这个消息后，马上找到货主，表示愿意免费把这批废品处理掉，货主非常感激。得到这匹布，他就把它做成了迷彩服装。这笔生意让他赚了10万余美元。

再后来，菲勒曾用10万美元买了一块地皮。一年后，新修建的环城路在那块地附近经过。一位开发商用2500万美元从他手中买走了那块地。

菲勒的思维是与众不同的，他有一双发现财富的慧眼，能够“在别人司空见惯的东西上发掘商机”，这是菲勒最可贵的创业资本，也是他成功的秘诀。不过，我们更佩服的是他的勇气，那就是敢想敢做。一个人，即使有再多的想法并信誓旦旦，如果不付诸实践，那也是徒劳。

生活中的每个人，都应该认识到智慧在创新过程中的重要性，如果你是个什么都敢于尝试的人，那么，你是一个勇者，但如果你希望获得成果，那么，你还要有谋略，并且要学会用智慧指导行动。要知道，机遇是个挑剔的女神，只垂青于肯动脑筋、爱用智慧的经营者。没有全面的素质和一双洞察机遇的眼睛，又怎能开启成功创富的慧泉呢?

为此，我们要锻炼自己的勇气，比如可以向自己不敢做的事“下战书”就是拿过去不敢做的事，曾经畏惧的事情“开刀”，克服自己的心理恐惧，扫除“精神垃圾”，以树立起信心。

也许到现在为止，你还有很多因为不敢做而没去做的事，那么，不妨给自己列个清单，挑战一下自己，每天，你都要将其中一条划掉，每做一件不敢做的事，你就朝着勇敢更迈进了一步，成功就会向你招手。

其实，人的一生就是一场冒险，走得最远的人是那些愿意去做、愿意去冒险的人。我们每一个人都要相信自己能成功，要鼓起勇气，尝试第一步，这才是真正的勇者。

当你拥有优秀这一习惯，你就成功了

现实生活中，相信每个人都有自己的理想，并渴望成功，而最终能成功的人只不过是极少数，而大多数只能与成功无缘，他们不能成功是因为他们往往空有大志却不肯低下头、弯下腰，不肯静下心来努力学习、从身边的本职工作开始积聚自己的力量。要知道，只有一步一个脚印，踏实、不浮躁地学习，才能成为一个优秀的人，当你把优秀当成一种习惯后，你就离成功不远了。

洪堡是德国著名的探险家、自然科学家，是近代气候学、自然地理学、植物地理学和地球物理学的创始人之一，他对生物学和地质学也有

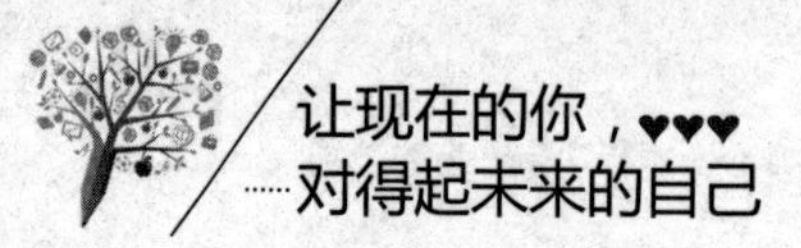

很深的造诣，在科学界享有极高的声誉，被当时的人们尊为“现代科学之父”。

尽管如此，洪堡却是一个十分谦逊的人。他尊重别人，从不自满，直到晚年还刻苦学习。在柏林大学的一间教室里，每当著名的博克教授讲授希腊文学和考古学的时候，总是挤满了学生。在这些青年学生中间，人们常常看到一位身材不高、穿着棕色长袍的老人。这位白发苍苍的老人也像别的学生一样，全神贯注地听课，认真地做着笔记。晚上，在里特教授讲授自然地理学的课堂上，也经常出现这位老者的身影。有一次，里特教授在讲一个重要的地理问题时，引用了洪堡的话作为权威性的依据。这时，大家都把敬佩的目光投向这位老人。只见他站起身来，向大家微微鞠了一躬，又伏身课桌，继续写他的笔记。原来，这位老人就是洪堡。

洪堡的优秀来自于他孜孜不倦的学习，把学习当成一种习惯。实际上，优秀就是一种习惯，需要我们主动去培养。根据西方人文科学家研究，一个习惯的培养需要二十一天左右，只要我们认真去做，就等于说我们吃了二十一天的苦，却得到了一辈子的甜，这是一个很值得和很高效的事情。

有位记者曾问亚洲首富李嘉诚：“李先生，您成功靠什么？”李嘉诚毫不犹豫地回答：“靠学习，不断地学习。”不断地学习知识，是李嘉诚成功的奥秘！

李嘉诚勤于自学，在任何情况下都不忘记读书。青年时打工期间，他坚持“抢学”，创业期间坚持“抢学”，经营自己的“商业王国”期间，仍孜孜不倦地学习。李嘉诚一天工作十多个小时，仍然坚持学英语。早在办塑料厂时就专门聘请一位私人教师每天早晨7点30分上课，上完课再去上班，天天如此。当年，懂英文的华人在香港社会是“稀有动物”。因为懂英文，李嘉诚可以直接飞往英美，参加各种展销会，谈生意可直接与外籍投资顾问、银行的高层打交道。如今，李嘉诚虽然已年逾古稀，但仍爱书如命，坚持不断地读书学习。

一个人不可能随随便便成功，李嘉诚向每个渴望成功的人展示了这个道理。可能你也惊羡李嘉诚式的成功，但却做不到李嘉诚式的努力与勤奋。那么，你不妨问问自己：我做到99%的勤奋了吗？如果你的回答是否定的，那么，你就知道症结所在了。也许，有些人会说，我不够聪明。而实际上，即使智慧，也源于勤奋。没有人只依靠天分成功。自身的缺点并不可怕，可怕的是缺少勤奋的精神。勤奋面前，再艰巨的任务都可以完成，再坚定的山都会被"移走"。滴水能把石穿透，万事功到自然成。唯有勤劳才是永不枯竭的财源。

有人问石油大王洛克菲勒："成功的秘诀是什么？"对此，他有两句座右铭，一句是："你要不是赢家你就是在自暴自弃"，另一句是"勤奋出贵族"。

然而，我们不难发现，在这个社会，却有一些富家子弟，他们生活骄奢淫逸、好逸恶劳、挥霍无度，以至虽在富裕的环境中长大，却不免在贫困中死去。也有一些满怀理想的人，但在为梦想奋斗的过程中，却做不到一步一个脚印，每天朝目标迈一步，经常三分钟热度，做不到持之以恒。要知道，任何事情的成功都不是一蹴而就的，需要我们一点一滴地付出。小事成就大事，在每件小事上认真的人，做大事一定成绩卓越。

爱因斯坦说："人的价值蕴藏在人的才能之中。在天才和勤奋两者之间，我毫不迟疑地选择勤奋，她几乎是世界上一切成就的催产师。"如果你能做到勤奋学习、勤奋做事，你必当会有所收获。事实上，当今社会更是一个需要人们不断学习的社会，知识的更新速度越来越快，曾有人说，"知识的半衰期仅为5年"，也就是5年之内，掌握的知识就有一半过时。这句话无疑警示所有人，要想在当今社会生存并发展下去，我们必须不断地学习和充实自己，不断地更新自己的知识结构，继而成为一个优秀的人，否则，我们只能被时代所淘汰。

眼光长远，别只看到眼前的蝇头小利

生活中，我们发现，任何一个成功者都是眼光长远的，他们在行事之前，都会权衡利弊得失，更不会因为一些蝇头小利而一叶障目。相反，一些人总以为自己很聪明，懂得抓住眼前利益，而事后他们发现，原来自己是舍本逐末，因为自己贪图一时利益而失去了更大的利益空间。可见，眼光在生命的价值中折射出舍得的智慧。具备长远的眼光，放下小利，方可成就大业。

眼光长远，就是指不要只把眼光放在当下。只是更多的时候，我们舍不得放弃手头实实在在的利益，心里想的也是怎样保证眼前的利益不受损失。殊不知，这样做只会任机会溜走，不但不会有所得，甚至会失去更多。舍小利以谋远，关键在一个“舍”字，只有舍得，才能获得。

古今中外，有很多人因为鼠目寸光而失去长远发展的机会，却也有很多人因为眼光长远而成就丰功伟业。

春秋时期，有一次，宋、齐、晋、卫等十二国联合出兵攻打郑国。郑国国君慌了，急忙向十二国中最大的晋国求和，得到了晋国的同意，其余十一国也就停止了进攻。郑国为了表示感谢，给晋国送去了大批礼物，其中有：著名乐师三人、配齐甲兵的成套兵车共一百辆、歌女十六人，还有许多钟磬之类的乐器。

晋国的国君晋悼公见了这么多的礼物，非常高兴，将八个歌女分赠给他的功臣魏绛，说：“你这几年为我出谋划策，事情办得都很顺利，我们好比奏乐一样的和谐合拍，真是太好了。现在让咱俩一同来享受吧！”可是，魏绛谢绝了晋悼公的分赠，并且劝告晋悼公说：“咱们国家的事情之所以办得顺利，首先应归功于您的才能，其次是靠同僚们齐心协力，我

个人有什么贡献可言呢？但愿您在享受安乐的同时，能想到国家还有许多事情要办。《书经》上有句话说得好：‘居安思危，思则有备，有备无患。’现谨以此话规劝主公！”

魏绛这番远见卓识而又语重心长的话，晋悼公听后很受感动，高兴地接受了魏绛的意见，从此对他更加敬重。

这个故事中可以看出，魏绛就是个有远见卓识的人。正是因为他懂得从全局考虑，对晋悼公说了一番忠言，才赢得晋悼公的敬重。

人们常说，一个人要想成功，必须有自己的人生战略。事实也证明，懂得放弃眼前的利益，甚至是吃点小亏的人，最终获得的是比当时大上几倍甚至几十倍的收益。同样，与人交往，我们也不可太过功利化，认为对方身处逆境就不与之结交，也不可曲意逢迎那些位高权重者，要知道，三十年河东，三十年河西，只有坚持自己的做人原则，真心待人，才能换来他人的真心相待。

犹太人罗斯柴尔德是一个很精明的商人。长年积累的生意经验让他十分清楚地意识到，要在这个犹太人备受歧视的社会里脱颖而出，最有效的办法就是接近手握巨大权势的领主并博得其欢心。

好不容易，他被通知可以接受当地领主的接见。这是个难得的机会，他觉得自己一定要把握住。为此，他不但把花了很多心血和高价收集的古钱币以低得离奇的价格卖给公爵，同时还极力帮助公爵收古币，经常为他介绍一些能够使其获得数倍利润的顾客，不遗余力地帮公爵赚钱。

如此一来，公爵不但从买卖中尝到了很多甜头，对古钱币的兴趣也越来越浓。罗斯柴尔德和他的关系逐渐演变为带伙伴意味的长期关系，远非普通的几笔买卖关系。

罗斯柴尔德是个舍得下血本的人。他为了实现长期战略，宁可舍弃眼前的小利。这种把金钱、心血和精力彻底投注于某个特定人物的做法，日后便成为罗斯柴尔德家庭的一种基本战略。如果遇到了诸如贵族、领主、大金融家等具有巨大潜在利益的人物，就甘愿做出巨大的牺牲与之打交

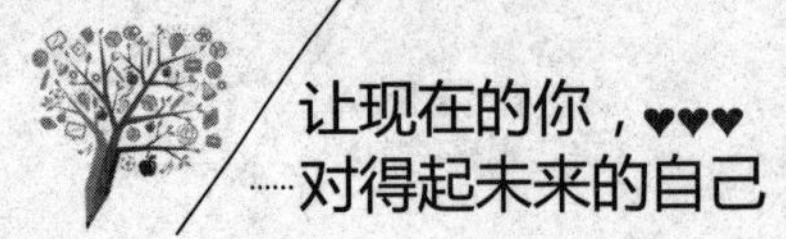

道，为之提供情报，献上热忱的服务；等到双方建立起无法动摇的深厚关系之后，再从这类强权者身上获得更大的收益。如果说一两次的“舍本大减价”一般人也可能做得到的话，罗斯柴尔德这种 直“舍本”帮助别人赚钱的做法不能不说是难能可贵的。虽然他得以在宫廷出出进进，但自己在经济上仍然相当拮据。

在罗斯柴尔德25岁那年，他获得了“宫廷御用商人”的头衔。罗斯柴尔德的策略奏效了。

放长线钓大鱼，舍小利获大利，这就是成功的犹太商人的生意经，也是罗斯柴尔德获得成功的心得。人际博弈中也是如此，为了得到长期的利益，必须在开始的时候让对方尝到他一辈子也忘不掉的甜头。

在现实生活中，无论是与人竞争还是与人合作，我们都不要总是计较眼前的利益，而是要把眼光放长远，懂得从长远利益出发，舍小利为大谋，这正是一种难得的智慧。

第五章

克制自己，才能成就将来的自己

一个人要追求成功和幸福，就需要有较强的自控力。自控力是成功和幸福的助力、保障，同时也是一个人性格坚强与否的重要标志。我们每一个人都要记住一点，人生只属于自己，一味遵循他人的思想，不敢面对真理是懦弱的表现，这样的人生是悲哀的。我们应该成为主宰自己命运的人，走自己的路，走出自己的风格，走出自己的个性，我们的人生才会是独特的，才会是精彩的。

少一分享乐，多一份忍耐

我们都知道，大千世界，处处存在辩证法，有得就有失，有失也有得，得与失是矛盾的统一体，其中，要成功就必须放弃享乐。我们不难发现，大凡做出一些成就的人，他们必定会经受一些磨难，吃尽苦头，然后才有出头之日，一鸣惊人。在这个过程中，他们不断地忍耐着痛苦与辛酸，精神上的，身体上的，那些痛彻心扉的日子，他们咬着牙，将滴落的血吞进肚子里。有时候，为了完成自己心中的理想，他们可能会寄人篱下，甚至遭人白眼，受人讽刺，但他们都忍耐了过来，在这个过程中，他们放弃的就是暂时的享乐。但实际上，他们明白，他们最终会有守得云开见月明的一天，到那时，自己以前所受的所有苦难都是值得的，因为它们已经凝结成了耀眼的成功的光环。

相传，勾践战败后，他接受了大臣文种的建议，收买了吴国太宰伯丕向夫差称臣纳贡求降，越王和王后到吴国给夫差为奴做妾。夫差答应了，却在吴国对勾践夫妻极尽羞辱，勾践在夫差面前一副感恩戴德五体投地的奴才相，嘴里还感激夫差不计前嫌以德报怨，宽宏仁慈。勾践在夫差面前表现得十分恭敬，称自己为贱臣，小心翼翼，百依百顺。夫差要上马，勾践就跪下来让夫差踏在自己的背上。夫差生病了，勾践在夫差面前寝食难安，问病尝粪，嘴里一边吃着夫差的大便，还一边说出自己的忠诚之志："恭喜大王，大王的病就快好了。"

就这样，勾践以自己的忠诚打动了夫差，终于夫差下令让勾践回到越国。勾践回到越国之后，立志要报仇雪恨，他唯恐眼前的安逸消磨了自己的志气，于是在吃饭的地方挂上一个苦胆，每逢吃饭的时候，就先尝尝苦味，并问自己："你忘了会稽的耻辱了吗？"他还把席子撤去，用柴草当作褥子，这就是后人一直传颂的“卧薪尝胆”。

勾践能做到“卧薪尝胆”就是一种自控力，战败后的他完全可以继续自己享乐的生活，但是他却选择了忍耐，在吴王夫差面前，他饱受百般屈辱，并自称“贱臣”。这样的姿态，比委曲求全更甚，自己所受的侮辱和苦难那不是普通能及的，但勾践都一一忍耐了过来，这样的委曲求全，实则是一个计谋，勾践早已经将整个计划运筹帷幄于股掌之间。于是，这才有了广为流传“勾践灭吴”的故事。

的确，在人生发展的道路上，我们如何选择继续往前走，决定了我们生命的高度，一些人贪图享乐，甚至愿意一条道走到黑，他们浑浑噩噩地度过每一天，在错误的道路上越走越远，甚至在追逐已定目标的道路上逐渐迷失了自己。因此，我们每个人都应该学会正确地定位自己、认清自己，看到自己的价值，然后找准目标，挖掘自己的内在动力，再朝着正确的方向努力，你就能充分发挥自己的价值。总之，我们要告诫自己，绝不做一个没有追求、漫无目的的享乐主义者！

然而，我们不得不承认的一点是，现代社会，随着物质生活水平的提高和科学技术的进步，一些人被周围的花花世界所诱惑，一有时间，他们就置身于灯红酒绿的酒吧、歌厅，就连独处时，他们也宁愿把精力放在玩游戏、上网上，而时间一长，他们的心再也无法平静了，他们习惯了天天玩乐的生活，他们再也没有曾经的斗志，最后只能庸庸碌碌地过完一生。

因此，无论何时，我们都要控制自己的“玩”心，享乐只会让我们不断沉沦，闲暇时我们不妨多花点时间看书、学习，不断地充实自己，才能在未来激烈的社会竞争中立于不败之地。

“每天下班后，我宁愿去图书馆看看书，也不愿意和一群人聚在酒吧，每读一本书，我都能获得不同的知识，有专业技能上的，有人生感悟上的，有风土人情，有幽默智慧，我很享受读书的过程，每次从图书馆出来都已经夜里十点了，在回家的路上，看着路边安静的一切，风从耳边吹过，我真正感到了内心的安宁。同事们都说我这人太宅了，但我觉得，这

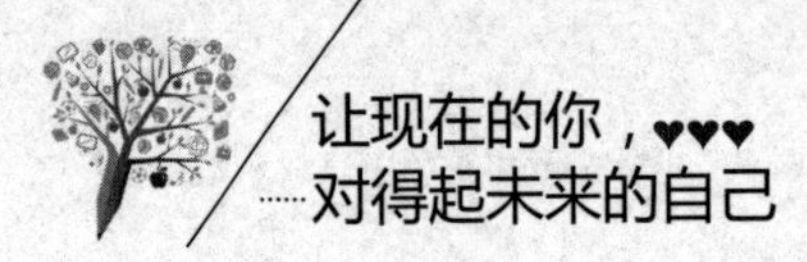

样的生活很充实，内心有书籍陪伴，我从不感到孤独。实际上，在很久以前，我也是个爱玩的人，常常和朋友喝酒喝到半夜才回家，一到周末就约朋友出去吃饭、唱歌，我很少一个人待着，有时候，真当我一个人在家的时候，我也会找一些娱乐项目，比如上网、打游戏、跳舞等，我觉得自己根本闲不下来。

但就在我三十岁生日那天，发生了一件令我这辈子都无法释怀的事。那天晚上，我们喝得很多，离席后，我的一个朋友开着车自己回去了，谁知道在半路上出了车祸。我很后悔，假如我没有让他喝那么多的酒，就不会出事，从这件事以后，我改变了对人生的看法，如果我的下半生还是这样浑浑噩噩地过，那么，这和一具行尸走肉又有什么区别呢？

后来，在一个图书馆管理员朋友的推荐下，我开始接触了各种各样的书籍，从这些书中，我学到了很多……”

这是一个深爱读书、拒绝玩乐的人的内心独白，的确，他说得对，一个整天玩乐的人就如同一具行尸走肉，真正内心的快乐其实并不是玩乐所能带来的，而是努力充实自己的心灵。

任何一个人，要想有一番作为，就必须学会自控，控制字的“玩”心、剔除自己的享乐主义心理。事实上，那些成功者之所以成功，并不是因为他们喜欢吃苦，而是因为他们深知只有磨炼自己的意志，才能让自己保持奋斗的激情，才能不断进步。

把持自己，让思维具有远见性

在生活中，我们常听老人说：“做事之前就要想到后面四步。”其实，向前每走一步，我们都需要想应对的方法，如果不能看得那么远，至少我们需要看见一步。这就是一种远见，的确，我们做事情，不仅需要稳

当、周全，而且，不要急于求成，更不要被眼前的小事所累。在时机未成熟之前，我们一定要把持住自己。一个成大事的人，眼光总是比身边的人看得稍远一点。著名的美孚公司曾做了一次赔本买卖，可是，从最后的结果来看，它虽然放弃了眼前的利益却收获了长远的发展，小利变大利、利滚利、利翻利，先前看似赔本的“买卖”，最终却收获了高额的利润。这是一种商业中的计谋，也是每一个人需要学习的智慧。有时候，之所以需要我们学会自控，不要被眼前小事影响，其实是为了以后更长远的发展。

在近代历史中，曾国藩无疑是一个有远见的人，在任何时候，他都不为眼前小事所累，其最终的理想抱负是“修身、治国、平天下”，誓死效忠清廷。

1858年，在清政府的不断催促下，曾国藩第二次戴孝出山。届时，他率领了湘军，经过6年的艰苦奋战，终于攻克了金陵。这一次，宣告了太平天国运动的结束，平定了天下，而另一方面，由于湘军号称30万大军，意味着清朝的军权第一次从满人转移到了汉人手中。这时，曾国藩的名声与威望都达到了顶峰。

在弟弟曾国荃看来，这是多么兴奋的事情，大好的利益就在眼前，于是，他极力鼓动哥哥曾国藩“自立”。不仅如此，其他一些随着曾国藩出生入死的将领也一起暗示要拥立他为皇帝。究竟是继续做万人景仰的中兴名臣，还是冒着成为乱臣贼子的风险君临天下，曾国藩为此思考了很久。

其实，最初同治皇帝曾作出承诺，谁能解除太平天国对清朝的威胁，谁能够打下南京谁就封王。可是，等到曾国藩真的打下了南京，功高震主，又手握兵权，同治皇帝却失言了，他只封了曾国藩“一等毅勇侯”。“飞鸟尽、良弓藏”的道理，曾国藩自然明白。最后，经过思考之后，他作出了惊人的决定，自剪羽翼，调散了湘军，忍耐一段时间之后，重新找准自己的位置。

历史证明，曾国藩的确是一个深谋远虑之人。在当时的情况下，皇帝宝座无疑是眼前最大的利益，他完全有能力、有实力自立为王，但他却把持住了自己，没有轻举妄动，这是为什么呢？曾国藩确实很有远见，即使自己攻破了南京，但他却已经分清了当时的局势：清政府派遣了许多将领驻扎在长江，一旦自己叛乱，定然会予以反击。而且，清政府开始有意识地培养自己身边的将领，分化湘军内部力量，要是真的自立，那些将领绝不会与自己同谋。另外，曾国藩的最初梦想便是报效国家而不是自立为王。所以，即便在功成名就之后，他依然不敢享受成功带来的喜悦，而是以长远的眼光，忍耐在皇权下为官的战战兢兢。

在现实工作中，小到一个职员，大到一个公司，都需要有长远的打算，如果你只着眼于眼前的小恩小惠，那迟早有一天你将被利益所吞噬，职场生涯同时也宣告结束。其实，即便是工作也不能含糊，也需要我们的谋算，将自己的眼光放得长远一些，不为眼前的小事所累，把持住自己，这样我们的职场之路才会走得更远。

某食品公司因为人员调动关系，原销售部门的经理离职了，这一职位也就暂时空缺了下来，虽然整个部门有能力的人很多，但被总经理提名的只有两个候选人。在周一的例行公会上，总经理就公布了这两个名字，并且要求他们各自在一个星期内拿出自己的市场推广方案，谁的方案最优秀就由谁来担任部门经理。小李、小张同时被列为了候选人，两人平时还是好朋友，所以，这场竞争非常有意思，公司各部门员工都对此议论纷纷。有人说小李绝对能胜任，因为他善于笼络人心；有人说小张绝对能任职，因为业绩比较突出。同时，有一个消息在办公室里炸开了锅，原来小李是经理夫人的亲弟弟，这可不得了，那失败者似乎注定了就是小张。

小张分析了其中的利害关系，心想：小李有了关系这一层，看来自己终究是失败，不过，有什么要紧呢？如果自己真的失败了，表现得大度，努力配合小李的工作，给人留下好的印象，日后定会有高升的机会。他一边这样想着，一边准备市场推广方案。很快，一个星期就过去了，两人同时把方案交到了办公室。总经理在大会上宣布了结果，懂得笼络人心的小李胜出了。小张知道自己已经失败了，心变得坦然，鼓掌表示庆祝，似乎一点也不在意。

小李上任了，开始了管理工作。小张还是积极地跑市场，协助小李的工作，下班后，他与小李还是好朋友。公司里的人都说：“小张这人真好，升职机会被好朋友抢了也不说什么”“就是啊，而且，工作比以前更积极，这样踏实能干、谦虚的小伙子上哪去找啊”。三个月后，小张在朋友小李的推荐下，因业绩突出被提升为部门助理。

由于小李有熟人的关系，这对于处于公平竞争中的两个人似乎并不公平，小张大可以因不服气而找上司，或者在小李胜出后故意与之作对。但是，聪明的小张却很清楚眼前的人和事，自己要想有所作为，就必须将不服埋在心里，努力配合小李的工作，在公司博得一个好名声，这样，自己能力有了，也没得罪什么人，那高升的机会肯定会有。在这样斟酌之后，小张将想法投入实际行动，最后，自己的目的也达到了。

然而，现实生活中，有些人却鼠目寸光，吃不得眼前亏，心胸狭隘，容不得一点损失，最终，他们难以成就大事。

可见，对于我们来说，在做每一件事情时更需要有长远的眼光，不计较眼前的小事，而是关注于长远的发展，从而达到舍小利而保大局的目的。

别被欲望蒙蔽了双眼

在现代社会，放眼所及，在我们的周围，充满着新奇、精彩的各种各样的人、事、物，甚至连人们的衣、食、住、行、育、乐等方面，也随时有着丰富多彩的选择。然而，当我们习惯了过着奢侈、繁华的生活时，有一些人反而会因此迷失自己，或者是失去正确的价值观的判断，甚至有时候往往为了满足物质的欲望，使得自己为生活疲于奔命，或者心生为非作

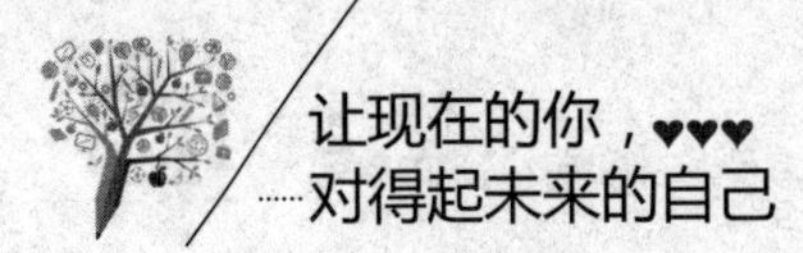

歹的念头，从而给社会造成了不安气氛。

中国人常说：“欲望无止境”，孔子也曾说过一句很有名的话：“富与贵，是人之所欲也，不以其道得之，不处也。贫与贱，是人之所恶也，不以其道去之，不去也。”意思是：富贵是每个人都想要的，但如果不是用光明的手段得到的，就不要它。贫贱是每个人所厌恶的，但如果不是以正大光明的手段摆脱的，就不摆脱它。也就是说，我们每个人都有追求成功和幸福的欲望，但不能被欲望控制。

对某些人来说，生命是一团欲望，欲望不能满足便痛苦，满足便无聊，人生就在痛苦和无聊之间摇摆。这样的人生无疑是可悲的。

尼采说，人最终喜爱的是自己的欲望，不是自己想要的东西！能够控制欲望而不被欲望征服的人，无疑是智者。被欲望控制的人，在失去理智的同时，往往会葬送自己。

我们先来看下面这样一则寓言故事：

一只正在偷食的老鼠被猫逮住。老鼠哀求：“请放过我吧，我会送给你一条大肥鱼。”猫说：“不行。”老鼠继续说：“我会送给你五条大肥鱼。”猫还是不答应。老鼠仍不死心：“你放了我，以后我每天送给你一条大肥鱼。逢年过节，我还会拜访你。”

猫眯起眼睛，不语。

老鼠认为有门儿了，又不失时机地说：“你平常很少吃到鱼，只要肯放我一马，以后就可以天天吃鱼。这件事情只有天知地知，你知我知，其他人都不知道，何乐而不为呢？”

猫依然不语，心里却在犹豫：老鼠的主意的确不错，放了它，我能天天吃到鱼。但放了它，它肯定还会偷主人的东西，胆子越来越大。我再次抓住它，怎么办？放还是不放？如果放，它就会继续为非作歹，主人会迁怒于我，把我撵出家门。那时，别说吃到鱼，就连一日三餐都没了着落。如果不放，老鼠和其同伙就会向主人告发这次交易，主人照样会将我扫地出门。如果睁只眼闭只眼，主人会认为我不尽职守，同样会将我驱逐出去。一天一条鱼固然不错，但弄不好会丢掉一日三餐，这种交易不划算。

想到这些，猫突然睁大眼睛，伸出利爪，猛扑上去，将老鼠吃掉了。

猫是聪明的，它的选择也是正确的。面对老鼠的许诺，它最终还是选择了一日三餐。一日三餐便是它的底线。猫当然希望一日一鱼，但连起码的一日三餐都保不住的话，一日一鱼便成了水中月、镜中花。

大部分人认为，一个人是否快乐，应该是与其所拥有的财产多少、地位高低成正比的，那些地位显赫、家财万贯的人必定是幸福的。其实不然，我们看那些历代皇孙贵胄，谁不是锦衣玉食、万人朝拜，但又有谁真的快乐呢？他们得时时为了皇权的争夺而苦心积虑，深恐遭到别人的暗算而担惊受怕，怕也难能真正快乐过。

生命只有一次，而且时间是有限的，人生在世只有短短的几十年而已。所以，每个人都应该珍惜自己的生命，在有限的时间里不要让自己太疲惫，要让自己过得快乐一点。人活一世为了什么？就是为了快乐，快乐是人生最大的财富。

的确，人类最大的悲哀莫过于拿自己有限的生命去追逐无限的欲望，这个世界上有太多美好的事物，我们每个人都不可能得到所有，所以一定要学会知足。只有知足，才能长乐。一个人若是被欲望所左右，就会变得可怕，或许他们的物质条件会越来越好，但是却在永无止境的追求当中迷失了许多宝贵的东西，从来没有享受过真正的快乐，绚丽的外表下藏着一颗空虚的心灵，而且他的一生注定被痛苦纠缠。

人之所以不快乐，就是不知足。实际上，人类自身的需求是很低的，远远低于欲望。房子再怎么大，也只能住一间；衣服再高贵，身上也只能穿一套；汽车再多，也只能开一辆在街上跑。能够认清楚这一点，那么我们就能够活得更加从容一点，更加豁达一点。更重要的是，我们将会有更多的时间和精力来进行一些精神层次的追求和享受。

其实，应该说，人的幸福指数与其欲望是成反比的，得到的越多，失去的也越多。我们自打出生那一刻起，就注定了会得到什么，失去什么，我们会得到父母的爱，但终有一天，父母也会离开我们；我们还会遇到事业上的不顺心、感情上的不如意甚至是朋友的背叛等，但人的精力是有限的，我们不可能什么都抓住，所以不必苛求那些得不到的东西或办不成的事情。过于执着，只会让你失去很多当下的快乐，因此，每个人都要学会“知足”，很多快乐都建筑在这两个字之上，如果你一辈子都在不停地满足自己一个又一个目标，却没有一丝一毫的幸福可言，那这样的人生又有什么意义呢？

敢于走自己的路，世界都会为你让路

成功者在大多数人之外。我们都渴望成功，但最终成功的往往是那些走“小道”的人，人云亦云、混迹于人群中的人即使有天赋的才能，最终只能泯然众人。因此，生活中的人们，如果你希望获得成功，就要有与众不同的思维，要走与众不同的路，当你认为自己选择的路正确时，请坚持你的选择，别太看重别人怀疑和反对的态度，坚持自我，你会有更大的突破。

元朝有个著名的学者，叫许衡。在他身上曾经发生过这样一个故事：

有一次，他跟着一群小朋友到荒郊野外去游玩、嬉戏。大家都玩得很开心、很疯狂，不一会儿，因为天热，这群孩子就口渴了，这个时候，他们刚好看见路旁有一棵梨树，于是，大家便争相前去抢食梨子以解渴。

当大家吃得津津有味、口水直流的时候，忽然发现只有许衡安安静静地坐在树下，并没有参加抢梨大战。

有些孩子觉得奇怪，大家吃梨解渴，很是开心，为什么单单许衡一个人不去摘梨呢？有人问他，他却淡淡地回答说：“不是自家的东西，不能随便摘。”

许衡这么说，大家都不以为然，直觉得扫兴，还纷纷回应道：“现在是什么时期？兵荒马乱，许多人家死的死、逃的逃，这只不过是一棵没有主人的梨树而已，为什么不能摘来吃？不吃白不吃，未免太傻了吧！”

许衡有点恼怒，立刻一本正经地回答说：“这棵梨树或许真的没有主人，可是我们的心，难道也没有个主张吗？一定要随心所欲偷吃不属于自己的东西吗？”

许衡的做法是对的，一个人，必须活出自我，要有自己的主张，这样才能维持一个人的格调。一般人都只有“偏见”，而少有“主张”，尤其是自己独一无二的“主张”，所以难有吸引人的“特质”。

我们不难发现，那些真正的成功者多半是特立独行的，他们在追求成功的道路上，也听到了来自各方的反对的声音，但他们始终坚持自己的信念，无论别人反对的态度多么强烈，他们都坚持自己的意见，这才使他们有了更大的成就。我们再来看看理查德的故事：

理查德是哈佛毕业的高才生，但令别人感到惊讶的是，他并没有和其他毕业生一样就职于某家大企业或者成为某一行业的技术骨干，而是成了一个出类拔萃的油漆匠。

理查德的父亲也是一位手艺很好的油漆匠，在他年轻的时候，他成功偷渡到了洛杉矶，但移民生活是辛苦的，而他正是凭借这一手好手艺在洛杉矶站住了脚，后来，因为一个大赦，他拿到了绿卡，他一家人也就名正言顺地成了美国公民。

理查德是个懂事的孩子，在他很小的时候，为了减轻父亲的工作压力，他常常会帮父亲干一些油漆活。几年下来，他不但掌握了父亲所有的手艺，还在很多方面都有所创新，这让他的父亲感到很诧异。

理查德在读书方面也表现出了与众不同的天赋，他在学校的成绩一直是前三名，他在社区服务的记录一直是最好的，而且，他还获得过全美中学生美术展油画铜奖，这就使得他轻而易举地被哈佛大学录取了。

在哈佛读本科的四年，理查德虽然成绩一直名列前茅，但他似乎一直忘不了油漆工作，他觉得自己只有在摸油漆的过程中，才是快乐的，为此，一到周末，他就赶紧回家，然后摆弄油漆。

很快，四年大学毕业，他坚持不继续深造，而是在洛杉矶找了一份不错的工作。

理查德在工作中也一直很努力，为此，老板嘉奖了他很多次，但他就是忘不了油漆。一次，当老板问及他对公司有什么建设性意见时，理查德不加思索地说："公司经常要把一些零部件拿到外面去油漆，这样，浪费了成本不说，每次油漆的质量也不怎么样，如果公司能成立这样一个专门的油漆部门，那么，这个问题便能很好地解决。"

老板笑着说："这简直太难了吧，买设备倒是小事，但我们去哪里找那些优秀的油漆工呢？"

理查德说："用不着招了，你面前就有一个。"

于是，接下来，理查德道明了自己的想法，以及自己过去的经历，他还说，自己想招收一些年轻人，由自己亲自培训。这个想法打动了老板，于是，老板当即决定，成立油漆部，由理查德任经理兼技师。

回家后，理查德兴冲冲地告诉父亲自己升职了。听完儿子的话，老父亲半天没说出话来，他当然反对儿子这么做，但他也知道，自己是阻止不了儿子的。事实证明，理查德是对的，经过几年的经营，这个油漆部的工作非常出色，白宫有些用品都指定在这里加工。

为什么理查德的故事在哈佛大学被广为传颂？因为哈佛希望学生们能明白，一个人，只有走自己的路，坚持自己的想法，才能真正走出一条与众不同的康庄大道。

生活中的人们，当你希望走的路与周围人的看法相背离时，你是坚持自己的想法还是听从父母的意见呢？你与同学、朋友的想法相左时，你又该怎么办呢？此时，如果你认为自己的观点是正确的，那么，你就要坚持。未来社会，相信自己正确，那么，你就敢走自己的路，就不怕失误、不怕失败，在大多数情况下，不敢自信走"小路"的人，通常也难以成为创新型人才。

其实，许多事例证明，别人给予你的意见和评价，往往不是正确的。

音乐家贝多芬在拉小提琴时，他宁可拉自己的曲子，也不愿做技巧上的变动，为此，他的老师曾断言他绝不可能在音乐这条道路上有什么成就。

20世纪最伟大的科学家爱因斯坦4岁时才会说话，7岁才会认字。老师给他的评语是“反应迟钝，不合群，满脑袋不切实际的幻想”。

大文豪托尔斯泰读大学时因成绩太差而被劝退学。老师认为他“既没读书的头脑，又缺乏学习的兴趣”。

如果以上诸位成功人士不是走自己的路，而是被别人的评论所左右，那他们就不会取得举世瞩目的成就。

因此，人生路上，我们不必过于在意别人的看法。用心思考，你会发现，任何一个成功的故事无不来自于一个伟大的想法，来自于坚持自己内心的声音。

有自己的想法，切勿人云亦云

日常生活中，可能我们都有这样的感触：对于那些已经经过前人证实的观点或者众人都认同的思想，我们通常会本能地接受、省略思考的过程。而事实上，如果一个人总是有从众心理的话，那么，他最终会变得随波逐流、毫无创新意识和创新能力，进而一事无成。

哲学家尼采说：“我们不能被人们的心理波动所驱使，错误地判断事物是否重要。”也就是说，对于任何事物，我们都要有自己的思考，要养成凡事不要看表象的习惯，有问题时就要有寻根究源的愿望，然后巧用逻辑思维找到答案，这一点，一千多年前的伽利略就给我们树立了榜样。

在伽利略之前，古希腊的亚里士多德认为，物体下落的快慢是不一样的。它的下落速度和它的重量成正比，物体越重，下落的速度越快。比如说，10千克重的物体，下落的速度要比1千克重的物体快10倍。

一千七百多年以来，人们一直把这个违背自然规律的学说当成不可怀疑的真理。年轻的伽利略根据自己的经验推理，大胆地对亚里士多德的学说提出了疑问。经过深思熟虑，他决定亲自动手做一次实验。他选择了比萨斜塔作为实验场。

这一天，他带了两个大小一样但重量不等的铁球，一个重100磅，是实心的；另一个重1磅，是空心的。伽利略站在比萨斜塔上面，望着塔下。塔下站满了前来观看的人，大家议论纷纷。有人讽刺说：“这个小伙子的神经一定是有病了！亚里士多德的理论不会有错的！”实验开始了，伽利略两手各拿一个铁球，大声喊道：“下面的人们，你们看清楚，铁球就要落下去了。”说完，他把两手同时张开。人们看到，两个铁球平行下落，几乎同时落到了地面上。所有的人都目瞪口呆了。

伽利略的试验，揭开了落体运动的秘密，推翻了亚里士多德的学说。这个实验在物理学的发展史上具有划时代的意义。

表面上看，重的铁球应该是最先着地的，但伽利略向所有人证实了事实并不是如此。

从这里，我们应该有所启示，很多时候，事物的表象往往具有迷惑性，要想拨开迷雾，就要善于运用逻辑思维。因为思维既不同于以动作为支柱的动作思维，也不同于以表象为凭借的形象思维，它已摆脱了对感性材料的依赖。

一位心理学家称，每个人都容易羡慕别人，因为在比较中，你总会发现比你优越的人。很多人不禁感叹，自己何时能赶上别人？世界著名的成功学大师拿破仑·希尔著有《思考致富》一书，在书中，他提出是“思考”致富，而不是“努力工作”致富。希尔强调，最努力工作的人最终绝不会富有。如果你想变富，你需要“思考”，独立思考而不是盲从他人。

人都是独立的个体，对事物都应该有主观的看法和评价，一味顺从别人的看法，你将找不到属于自己的路。然而，生活中有这样一些人，他们已经习惯了听从他人的意见，甚至缺乏判断力和选择的能力，这样的人又怎么可能获得别人的尊重，又怎么可能独当一面呢?

所以，生活中的人们，如果你希望在未来社会闯出一片天地，那么，从现在起，无论遇到什么，都要学会独立思考，切勿人云亦云。

曾经有一个叫魏特利的人，他经历过这样一件事：

19岁那年，一天，有个朋友和他约好，就在周日早上，他们一起去钓鱼，魏特利很高兴，因为他还不会钓鱼。

因此，头天晚上，他先收拾好所有装备，比如，网球鞋、鱼竿等，并且，因为太兴奋，他居然穿着自己刚买的网球鞋就上床了。

第二天一大早，他就起床了，把自己的东西都准备好，并且，他还时不时地朝窗外看，看看他的朋友有没有开车来接他，但令人沮丧的是，他的朋友完全把这件事忘记了。

魏特利这时并没有爬回床生闷气或是懊恼不已，相反，他认识到这可能就是他一生中学会自立自主的关键时刻。

于是，他跑到离家最近的超市，花掉了他所有的积蓄，买了一艘他心仪已久的橡胶救生艇。中午的时候，他将自己的橡胶救生艇充上气，顶在头上，里面放着钓鱼的用具，活像个原始狩猎人。

随后，他来到了河边，魏特利摇着桨，划入水中，假装自己在启动一艘豪华大油轮。那天，他钓到了一些鱼，又享用了带去的三明治，用军用壶喝了一些果汁。

后来，他回忆这次的光景时说，那是他一生中最美妙的日子之一，是生命中的一大高潮。士兵的失约教育了他，凡事要自己去做。

生活中最大的危险不在于别人，而在于自身。不在于自己没有想法，而在于总是依赖别人。

一个人，活着就必须活出自我，就要学会支配自己的大脑，就要有自己的主张，这样才能维持一个人的格调。总之，我们一定要有自己的想法，要有自己的原则，当你认为自己的观点是正确的时候，没必要为了讨好别人而迎合别人，也没必要因为害怕得罪人而对别人的要求来者不拒。

一个有从众心理的人是很容易人云亦云的，这种心理足以磨掉一个人的前进的雄心和勇气所足以阻止用自己的努力去换取成功的快乐。它还会让我们跟随他人的脚步而只能落在别人的身后，以至一生都碌碌无为。因此，如果你想获得成功，那么，从现在起，无论遇到什么，你都要学会独立思考，切勿人云亦云。

对抗外界干扰，培养自己的专注力

人生在世，要有一番成就，就必须努力，就必须专注。我们发现，那些攀岩成功的人都有个共同特征，那就是他们不会三心二意，也不会向下看，他们会一直努力地攀登，这样，尽管脚下是万丈悬崖，他们也不会害怕。可见，如果我们希望成就一番事业，就必须做到内心淡定，始终朝着目标前进。很多成功者取得成功后，回望身后的辛酸血泪之路，都会发现，真正内心淡定的人才是最后的赢家。

然而，出现在我们周围的干扰因素太多，能抵抗干扰是一种意志和信念的较量。这更需要我们培养自己的专注力，无论做什么事，我们都要尽量做到“充耳不闻”，才能训练自己的专注能力，才能一步一步实施自己的计划。我们先来看下面一个故事：

孔子带领学生去楚国采风。他们一行从树林中走出来，看见一位驼背翁正在捕蝉，他拿着竹竿粘捕树上的蝉，就像在地上拾取东西一样自如。

“老先生捕蝉的技术真高超。”孔子恭敬地对老翁表示称赞后问：“您对捕蝉想必有什么妙法吧？”

“方法肯定是有的，我练捕蝉五六个月后，在竿上垒放两粒粘丸而不掉下，蝉便很少有逃脱的。如垒三粒粘丸仍不落地，蝉十有八九会捕住；如能将五粒粘丸垒在竹竿上，捕蝉就会像在地上拾东西一样简单容易了。”捕蝉翁说到此处，捋捋胡须，严肃地对孔子的学生们传授经验。

他说：“捕蝉首先要学练站功和臂力。捕蝉时身体定在那里，要像竖立的树桩那样纹丝不动；竹竿从胳膊上伸出去，要像控制树枝一样不颤抖。另外，注意力高度集中，无论天大地广，万物繁多，在我心里只有蝉的翅膀，我专心致志，神情专一。精神到了这番境界，捕起蝉来，那还能不手到擒来，得心应手吗？”大家听完驼背老人捕蝉的经验之谈，无不感慨万分。

孔子对身边的弟子深有感触地说：“神情专注，专心致志，才能出神入化、得心应手。捕蝉老翁讲的可是做人办事的大道理啊！”

驼背翁捕蝉的故事向我们昭示了一个真理：凡事专心致志、心无旁骛，才能出色地完成，把工作做好做到位，取得成功。

事实上，除了捕蝉外，其他任何事又何尝不是如此呢？无论做什么事，最要不得的就是三心二意。戴尔·卡耐基曾经根据很多年轻失败的经验得出一个结论：“一些年轻人失败的一个根本原因，就是精力分散，做不到专注。”托马斯·爱迪生曾说过：“成功中天分所占的比例不过只有1%，剩下的99%都是勤奋和汗水。”这句话告诉我们做事需要专注，不腻烦、不焦躁、一门心思才能取得好的效果。

的确，成功者之所以成功，就是因为他们懂得做事要专注的道理，在专注的过程中，他们经过了沮丧和危险的磨炼，并造就了他们天才的人脑。在不断努力并获得成果的过程中，他们产生了活力和不屈不挠的奋斗意志。因此，意志力可以定义为一个人性格特征中的核心力量，概言之，意志力就是人本身。它是人的行动的驱动器，是人的各种努力的灵魂。做事过程中，我们也要运用意志力的力量，做到这一点，你也能获得卓越的才能。

相反，那些对奋斗目标用心不专、左右摇摆的人，对琐碎的工作总是寻找借口，懈怠逃避，他们注定是要失败的。如果我们把所从事的工作当作不可回避的事情来看待，我们就会带着轻松愉快的心情，迅速地将它完成。瑞典的查尔斯九世年轻的时候，就对意志的力量抱有坚定的信念。每每遇到什么难办的事情，他总是摸着小儿子的头，大声说："应该让他去做，应该让他去做。"和其他习惯的形成一样，随着时间的流逝，勤勉用功的习惯也很容易养成。因此，即使是一个才华一般的人，只要他在某一特定的时间内，全身心地投入和不屈不挠地从事某一项工作，他也会取得巨大的成就。

一位自考毕业的男孩去应聘一家外贸公司经理秘书。但是，公司却给他安排了一个行政部文员的职位。男孩想了一下，觉得只要自己耐心做好文员的工作，一样很好。于是，他就答应了。男孩的工作是负责接待客人和复印、打印等琐事。同事们总是把一些需要复印和打印的文件一股脑儿堆在男孩的桌子上，然后告诉他哪些需要复印、哪些需要打印、每种各需要多少份。男孩总是耐心地记录着各种要求，然后仔细地做。

有好几次，由于男孩认真检查，使公司避免了损失。因此，男孩真的被提拔为经理秘书了。

他是这样对人说的："工作虽然简单，但是只要有超凡的耐心和细心，就会取得成功。"福韦尔·柏克斯顿认为，成功来自一般的工作方法和特别的勤奋用功，他坚信《圣经》的训诫："无论你做什么，你都要竭尽全力！"他把自己一生的成就归功于"在一定时期不遗余力地做一件事"这一信条的实践。

的确，人生就像马拉松赛跑一样，只有坚持到终点的人才有可能成为真正的胜利者。著名航海家哥伦布在他的航海日记中最后总是写着这样一句话"我们继续前进"。这话看似平凡，但却告诉了所有正在为目标奋斗的人们一个道理，达成目标需要无比的信心和意志力。在这个过程中，你只有坚守内心的目标，付出艰辛的劳动，你才会实现蜕变、获得成功。

“管住嘴巴”是自控的第一步

生活中，我们每个人都需要与人交往、交流，这无可厚非，但却有一些人，他们因为有很强的情感依赖性，在人际交往中，为了拉近彼此间的关系，他们常常对他人掏心掏肺，有点什么小秘密都藏不住，而事后他们才发现，管不住自己的嘴，为自己带来了很多不必要的麻烦。

因此，我们每个人在培养自己的自控力前，都有必要先学会管住自己的嘴巴。单纯的你是否发现，你曾经就是因为这点而遇到了一些麻烦：你原本以为对方是个知心人，但事后你才发现，他是个专门挖别人隐私并到处散播的小人；你原以为对方听你诉说是因为同情你的遭遇，谁知道，原来他是另有所图，而知晓后的你已经骑虎难下了……这样的例子太多了。因此，你若想让自己远离是非，要想拥有良好的人际关系，就必须学会三缄其口、管住自己的嘴巴。

对此，我们先来看下面一个小故事：

小何是一个单纯漂亮却有点懦弱的女孩子，对什么人都不怎么设防。从一所名校毕业的她顺利地找到了在一家艺术公司的工作，具体工作是给舞台礼服设计花样图案。她很珍惜这一份能发挥自己专业水准的工作，但工作几个月后她发现自己的老板是个很抠门的人，每天都会盯着办公室的员工们干活，看见谁偷懒，就会严格扣除工资，而他给小何的工资每月只有一千七，除去房租勉强只够吃饭。因此，小何并不能和其他女孩一样可以大手大脚地花钱，即使想约朋友，也是把他们带回家，然后亲自下厨做菜招待。

小何刚来公司的时候，认识了一个比她稍长一点的姐姐，因为从同一个学校毕业，而那个同事比她资深，算是个小领导，平时在公司对小何也照顾，所以小何就死心塌地对人家好，工作中有什么事，她都喜欢问这位姐姐，当然，对方也给了自己不少帮助。

有一天，那位女同事因为和男友分手，心情不好，看到小何在工作，便不分青红皂白地把小何骂了一通，小何虽然也生气，但知道原因后，从那位同事的角度想想后，也就原谅了她，次日，她还是满险微笑地招呼那位同事，就当作什么也没发生过。

而那女同事压根儿就是个小人，看见小何没有生气，反倒觉得奇怪："我这么对她，她居然没有一点记恨的表现，肯定是装的！"于是，她揪心生恨意，准备先下手为强，将小何赶出公司。终于，她等到了机会。

不久两人去外地出差，客户选中了小何设计的几个方案，却没有挑中女同事的任何一个。小何还好心把样稿让一部分给那位同事做，没想到对方压根儿不念好，更对小何记恨在心。

第三天，小何被公司一个电话提前召回，等待她的是放在桌子上的辞退通知信。她流着眼泪读信，感觉自己是不明不白地被辞退的，后来，有个心眼好的同事告诉她，原来是那位女同事在老板那儿说了坏话，说小何在外出差不好好干活，设计的图案一幅没被选中，还抽空溜出去玩。老板当场大怒，下令把小何立刻开除，其他人怎么劝也没用。

这时，小何才知道原来自己是被陷害了，还是被自己一直信任的人，她真是哭笑不得，她也不想解释太多，就收拾东西离开了公司。

小何的那位女同事，可以说是一个现代版的"以小人之心度君子之腹"的小人，这样的小人生活中自然不少，其实，小何落得如此悲惨的下场，也与她自己交友不慎有莫大的关系，她错就错在自己太单纯，对人不留一手，把饿狼当知己，到头来还被饿狼咬了一口。

常言道："逢人只说三分话，未可全抛一片心。"在结交朋友的时候，不要轻易把自己完全暴露给对方，过于坦诚，这对友谊并无多少好处，何况你把自己完全"交给"对方，太过危险。毕竟"林子大了，什么鸟都有"，可能在你身边发生过这样一些事：你曾听到你的同事在领导面前中伤另外一个同事，而他们在人前是很好的朋友，其目的是减少竞争者；你可能看到一些人被钱财诱惑，不惜在利害关头出卖朋友……因此，你不要再天真地认为，这个世界上都是好人，也不要因为你的同事对你说了几句悦耳的话，就认为对方把你当知心朋友，然后对其和盘托出你所有的秘密，到最后被人利用了还蒙在鼓里。

可见，我们每个人在与人交往时，都必须破除自己的依赖心理，都必须学会管住自己的嘴巴，这也是自控的第一步，俗话说得好："逢人只说三分话，未可全抛一片心。"少说话、说对话会让我们免除很多不必要的麻烦。

总之，人与人之间交往，交流必不可少，互诉衷肠，可以加深彼此情感、拉近心理距离。但我们一定要管好自己的嘴巴，千万不要试图通过倾诉自己或者他人的秘密来赢得他人的支持和帮助，避免最终"损了夫人又折兵。"

第六章

把握内心，别让它改变了你的节奏

在竞争激烈的现代生活中，一个人是否活得幸福，不在于他有多富裕，不在于他的外表有多吸引人，更不在于他是否在事业上取得了骄人的成绩，而在于他内心是否有一种淡定的理念，是否能把握自我。现代都市竞争的人性丛林中，能够修炼成淡定的心态和平和的心性应该是一种福气。社会竞争压力之大、生活之烦琐需要我们做到从容淡定，唯有如此，才可以“聚精会神搞建设，一心一意谋发展”，才可能更好地工作，更好地生活，更好地提高自己，修炼自己。

控制了情绪，也就能掌好人生的舵

我们生活中的每个人都有情绪，并且，这些情绪都很复杂，每时每刻都在发生着变化，快乐、激动、悲伤、恐惧、愤怒、忌妒等都可能随时影响我们的心境。事实上，这些情绪都是正常的人应该有的，但面对那些消极的情绪，我们应做到及时控制，才能让自己每天保持最好的状态。

所以，控制自己的情绪是保持心灵健康的法宝。我们遇事要理性一点，冲动是魔鬼，会让自己一败涂地，从现在起，一定要做到自制，理智思考并克服自己的情绪。

“风吹屋檐瓦，瓦坠破我头；我不恨此瓦，此瓦不自由。”的确，砸到我们头的那片瓦，是被风吹落的，并不是有意为之，生活中的那些触犯你的人何尝不是如此呢？不必生气，多为对方考虑考虑，你能赢得尊敬和赞美，成就自己良好的品质。

我们先来看下面一则故事：

曾经有一名政党的领袖正在指导一位准备参加参议员竞选的候选人，教他如何去获得多数人的选票。这位领袖和那人约定：“如果你违反我教给你的规则，你得罚款十元。”

“行，没问题，什么时候开始？”那人答应。

“现在就开始。我教给你的第一条规则是：无论别人怎么损你、骂你、指责你、批评你，你都不允许发怒，无论人家说你什么坏话，你都得忍受。”

“这个容易，人家批评我，说我坏话，正好给我敲个警钟，我不会记在心上。”

“好的，我希望你能记住这个戒条，这是我教给你的规则当中最重要的一条。不过，像你这种呆头呆脑的人，不知道什么时候能记住。”

“什么！你居然说我……”那个候选人气急败坏。

“拿来，十块钱！”

“哎呀，我刚才破坏了你教给我的戒条吗？”

“当然，这条规则最重要，其余的规则也差不多。”

“你这个骗子……”

“对不起，又是十块钱。”领袖摊开双手道。

“赚这二十块也太方便了。”

“就是啊，你赶快拿出来，这是你自己答应的。如果你不拿出来，我就让你臭名远扬。”

“你这只狡猾的狐狸！”

“对不起，再拿十块钱。”

“呀，又是一次，好了，我以后再也不发脾气了！”

“算了吧，我并不是真的要你的钱，你出身贫寒，你父亲的声誉也坏透了！”

“你居然敢侮辱我的父亲！你这个恶棍！”

“看到了吧，又是十块钱，这回可不让你抵赖了。”

这一次，那位候选人心服口服了。那位领袖郑重地对他说：“现在你总该知道了吧，克制自己的愤怒并不容易，你要随时留心，时时在意，十块钱倒是小事，要是你每发一次脾气就丢掉一张选票，那损失可就大了。”那位候选人彻底服了。

的确，生活中，有些人就像故事中的这位候选人一样，控制不住自己，特别是在不顺心的时候容易发怒。实际上，胡乱发脾气根本解决不了任何问题，反而会把事情弄得更糟。

我们在生活中都要和周围的人打交道，这一过程中难免会有烦躁、气愤的心绪产生。但无论如何，你都要学会调整自己的心情，学会以善良之心看待与他人的摩擦，并且，你要明白生活中难免会发生不愉快的事情。

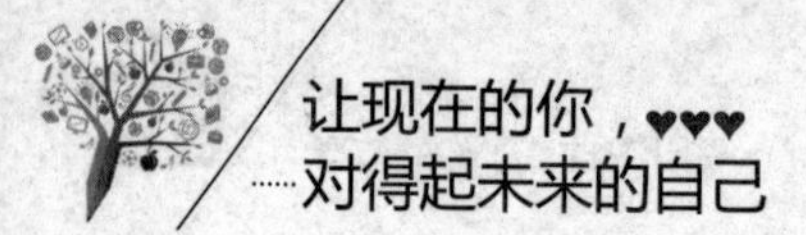

为此，在你人生成长之路上，你也应该警醒自己，豁达为人，那么，你的人生旅途就会越走越宽。

其实，坏情绪本身并没有任何破坏性，但在激动的情况下，人们会做出失去理智的事，它给人带来的负面影响可能远远大于我们的想象，会给我们的生活带来深远的影响。

然而，现实生活中，却有一些人特别容易情绪化，遇喜则喜，遇悲则悲，如遇不满，甚至破口大骂，很多不文明的举动相继暴露出来，形象全无。事实上，日常工作和生活中，令我们生气的事实在太多，我们根本没必要去愤怒，我们大可以把关注的视角放在事物的另外一个方面，对这一方面的联想往往能使我们心平气和，长此以往，你便能修炼良好的心性。而所谓的心性，其实就是一个人的善恶成分，好与坏，正确与错误，如何判断自我与外界关系的一种综合反映。

事实上，心性好坏与否，对于他人而言所产生的影响力倒是次要的，它最严重的是对个人心态的影响。而个人心态直接影响的是个人的命运、成败得失、是否幸福等。

心性健康的人，他们的眼里都是美好的事物，比如阳光、欢乐、温暖、健康，当他们遇到危险的时候，他们会有回避的能力，因此，他们有意愿并且有能力把日子过得顺心，即使遇到挫折，也能自我调整，能较自然地处在一种对事物的全面理解中。相反，那些心性不好的人，很明显，因为他们关注的视角不同，他们的生活是不幸福的。

当然，每个人都有不良的情绪，这很正常，我们不要把这些情绪压抑在心中，因为一味地压抑心中的不快，只能暂时解决问题，负面情绪并不会消失，久而久之，就可能填满我们的内心世界，使我们的身心越来越疲惫。因此，除了自我调节和消化外，我们还应该给不良情绪找个宣泄的出口，让它尽快释放出来，正所谓“堵不如疏”。将负面情绪减小到最低程度。

总之，不能控制自己的情绪，不仅会为自己带来一系列的麻烦，还有可能影响心理健康，保持自己的心灵健康，就应努力控制自己的情绪，做情绪的主人。

人生难得保持一颗平常心

有人说，人生如戏，注定了跌宕起伏，人生路上，并不是只有枝繁叶茂的大树和灿烂夺目的鲜花，还有荒凉至极的沙漠；不只是阳光灿烂，还有阴雨连连，这就是人生，只要拥有平淡的真实，才会真正懂得品味人生，抒发人生，才会拥有自我，心存淡泊。拥有平淡，那才是人生的至高境界，就使你坦坦荡荡，自自然然的快乐。生活中的点滴愉悦，都是生活中的原汁原味。

人活着不容易，而要保持平常的心境则更难。在漫漫的人生旅程中，我们会遇到许许多多的坎坷，遭受方方面面的挫折，迂回曲折地走过无尽的路途。有这样一则小故事：

和煦的春风里，师傅带着小和尚来到寺庙的后院，打扫冬日里留下的枯木残叶。小和尚建议说：“师父，枯叶是养料，快撒点种子吧！”

师父曰：“不着急，随时。”

种子到手了，师父对小和尚说：“去种吧。”不料，一阵风起，种子撒下去不少，也吹走不少。

小和尚着急地对师父说：“师父，好多种子都被吹飞了。”

师父说：“没关系，吹走的净是空的，撒下去也发不了芽，随性。”

刚撒完种子，这时飞来几只小鸟，在土里一阵刨食。小和尚急着对小鸟连轰带赶，然后向师父报告说：“糟了，种子都被鸟吃了。”

师父说：“急什么，种子多着哪，吃不完，随遇。”

半夜，一阵狂风暴雨。小和尚来到师父房间带着哭腔对师父说：“这

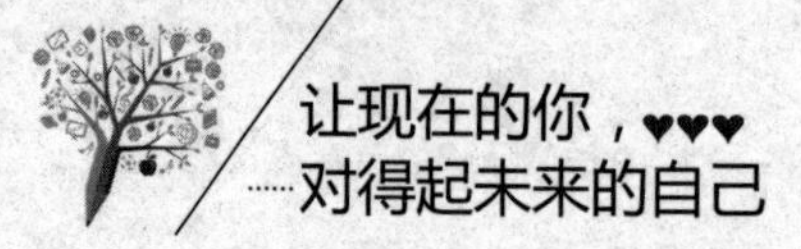

下全完了，种子都被雨水冲走了。”

师父答：“冲就冲吧，冲到哪儿都是发芽，随缘。”

几天过去了，昔日光秃秃的地上长出了许多新绿，连没有播种到的地方也有小苗探出了头。小和尚高兴地说：“师父，快来看哪，都长出来了。”

师父依然平静如昔地说：“应该是这样吧，随喜。”

这则故事告诉我们，人生无常，但只要我们保持内心平静，那么，无论外在世界怎么变化莫测，我们都能坦然面对，做到不为情感左右，不为名利所牵引，从而洞悉事物本质，完全实事求是。

总之，人生的平淡和起起伏伏都是一种生命的轨迹，而只有内心平和的人才能体味其中的真谛，因此，我们不妨以平常心看待生活，用心去享受简单生活中的快乐、幸福！

的确，世事难料，因为任何事情都有一个变化发展的过程，此刻你不如意并不代表你一生不幸，人生充满得失，此时你满面春风并不代表你一生顺利，虽然我们不能掌握变化无常的事态，但我们可以掌控自己的心态。因此，不管你现在得到了什么，失去了什么，都不要纠结于一时，心态是自己选择的，祸会转化为福，福也会转化为祸，何不敞开心扉，坦荡地面对呢？

有个老太太，她从年轻时代开始就有个爱好，那就是种花种草，在她的家里，有各种各样的盆景，她每天的大部分时间都会花在这上面。

有一天，老太太去外地看亲戚，出门前，她告诉儿子一定要细心照看好那些她视若珍宝的盆景。

母亲的话，儿子不敢怠慢，于是，在老太太外出期间，儿子很精心地照看这些盆景，但尽管这样，不幸的事还是发生了，在他为花草浇水时不小心碰倒了花架上的一盆花，打碎了。儿子因此非常害怕，准备着等母亲回来后接受处罚。

然而，当老太太知道这件事后并没有生气，反而说：“我栽种盆景是用来欣赏和美化家里环境的，不是为了生气的。”

老太太说得好，她种植盆景，并不是为了生气。因此，她的心情也不会因盆景的得失而受到影响。如果无欲无求，了无牵挂，则气无处生。生活中的人们，在得失面前，你是否也有这样的心境呢？

我们需要拥有一颗平常心。人生不可能总是大红大紫，不可能总是处于巅峰状态，也有可能处于低谷，也可能遭遇不顺，这就是人生。

当你一度认为自己是竞争中的优胜者而事与愿违时，当你爱人背叛了你时，当你的挚友突然远去时，你或许会忧郁惆怅，愤愤不平，总认为上帝对你不公。

其实，所有人在上帝面前都是平等的。人生的许多困扰和烦恼都源于自己。人生原本很平淡，生命的过程，本来也是一个平淡的过程。

如果你想活得辉煌，你就得活得痛苦些；如果你想活得随意，你就会活得快乐些。生活本身就是平淡的，一切都未曾改变，变化的是你的心，花开花落，一切照旧，你也应该有这样的平常心态，对于个人的荣辱得失都做到淡定面对，凡事顺其自然，不强求不牵强，做到真正的平常心。

可见，无论得失，我们要调整自己的心态，要超越时间和空间去观察问题，要考虑到事物有可能出现的极端变化。这样，无论福事变祸事，还是祸事变福事，都有足够的心理承受能力。

所以，生活中的人们，我们应该正视人生的得失，世间万事万物，来来去去，本就没有一个定数，我们不能左右世事，但可以左右自己的心。当我们拥有时，要懂得珍惜，失去时，也不可过分执着。人有悲欢离合，越有阴晴圆缺，以一颗淡然的心面对，我们的心会释然很多。

放下冲动，方能远离灾祸

我们知道，人非草木孰能无情，我们都是情绪化动物，我们的心情好坏常常被周围的一些人和事影响，有些人甚至是情绪化的，他们的情绪似乎总是不受自己控制，于是，他们起伏于这种恶性失衡之中，常常陷入自相矛盾的境地，失去了正确的判断力，而那些成功者则能做到自控，无论外界怎么变化莫测，他们总能以理智的心态面对，他们有着很强的自律能力。也许现在的你年轻气盛，容易冲动，但请记住：冲动是魔鬼，会让自己一败涂地，从现在起，一定要做到自制，理智思考并克服自己的情绪。

曾经有这样一个故事：

曾经，每一个经验丰富的高级间谍被敌军抓住了，他立即想到，要想逃脱，就必须装聋作哑。当然，敌军也怀疑他是否真的不会说话。于是，他们开始运用各种方法盘问他，无论是诱惑还是欺骗，他都不为所动。于是，到最后，敌军审判官只好说："好吧，看起来我从你这里问不出任何东西，你可以走了。"

这个间谍心里当然明白，这只不过是审判官检验他是否真说谎的一个方法而已。因为一个人在获得自由的情况下，内心的喜悦往往是抑制不住的，如果他此时听到审判官的话后立即表现出很愉快或者激动起来，那么，证明他听得到审判官的话，他就不打自招了。因此，他还是站在原地，反复审问还在进行。最后，这名审判官不得不相信，他真的不是间谍。

就这样，有经验的间谍的生命，以他特有的自制力，保存下来了。

看完这个故事，我们不得不惊叹，多么精明的间谍。俗话说：态度决定一切。这就是说，一个人的情绪糟糕，容易冲动，往往会把一切事情都办糟糕。即使遇到了好事和良机，也会因为不良的情绪，使自己产生出无形的压力，使自己的能力无法充分发挥，错失这些机遇。

一位研究情绪的心理学家曾这样告诉人们：“生气是一种最具破坏性的情绪，它所给人们带来的负面情绪可能远远超过我们的想象。”一个人在生气时，他的所作所为都是没有经过大脑思考的，处处沾染上冲动的痕迹，虽然，怒气在发泄的那一瞬间是顺畅的，但是，后果却需要我们为自己埋单。所以，学会做一个智者，克制住内心的愤怒，不要生气，千万不要因为生气而说出愚蠢的话，做出愚蠢的事。

的确，生活中，难免会遇到各种各样的事情，遇到事情的时候可能都会冲动。做一些自己都不知道该不该做的事情，因此也就会产生许许多多的埋怨！不管遇到什么事情都难冷静地让自己思考一下，哪怕只是短短的几秒钟，也许结果就完全不一样了！

为此，当你心有不快，想要通过发火的方式来发泄时，你可以通过语言的暗示作用来调整自己，以使自己的不快得到缓解。达尔文说过：“人要是发脾气就等于在人类进步的阶梯上倒退了一步。愤怒是以愚蠢开始，以后悔告终。”比如，你的朋友做了伤害你的事，你很想找他理论，并将他骂一顿，那么，此时，为了不让事情发生严重的后果，你在冲动前可以告诉自己：“千万别做蠢事，发怒是无能的表现。发怒既伤自己，又伤别人，还于事无补。”在这样一番提醒下，相信你的心情会平复很多。

当然，我们除了要控制自己的情绪外，还要有平和的心态。

米勒先生在刚开始创业的时候，因为竞争非常激烈，其他公司便不断地压低价格以求抛售货品。那时候，米勒先生还十分年轻，心想：“事到如今，只有和他们拼了，这样才不会输给同行业。”结果，为了这件事，米勒跑去与自己的师父磋商，听了米勒的决定之后，师父说：“如果公司只有你一个人，你大可以这样做。但是你有那么多的下属，他们又都有家眷，身为公司的负责人，竟然要图一时之快，逞一时之强，这样不就连累你的下属了吗？”

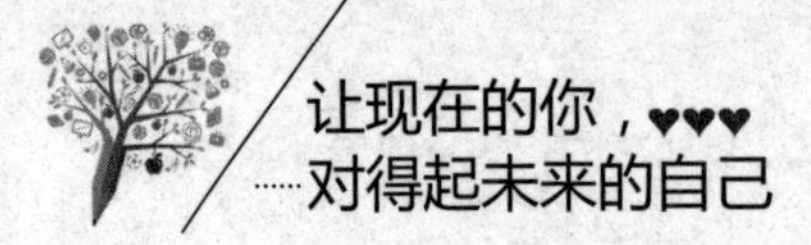

米勒听后，觉得师父的话说得很有道理。经过再三考虑，米勒决定放弃和别的公司竞相抛售货品的想法。果不其然，没过多久，那些顾客反过来信任他，也因为如此，米勒最终获得成功。

“冲动是魔鬼”，这话说得很深刻。在生活中，由于人的血性所导致，往往在诸多事情上咽不下一口气，总是图一时之快，逞一时之勇，以至于事后后悔不已：“我这是何苦呢？”实际上，不图一时之快，才能等到成功的机会，反之，图一时之快则会酿成终身苦果。

在生活中，我们不要图一时之快，有时候，虽然我们看到前方貌似是绝路，但生活就是就是变化莫测的，人生的希望往往在转角处。既然生活本来是一个圆，我们又何必执着于一时呢？图一时之快的人永远不会成功，他们最终只会自食其果，而且是难以咽下的苦果。只有当我们懂得变通的时候，才可以在人生的道路上无往不利，最后走出顺畅的人生之路。

可见，人生漫漫，我们不能让自己输在心态上，心态决定人生，也决定人的生活方式，懂得自制，能控制自己的情绪，就会控制由冲动带来的一系列恶性情绪循环。一旦拥有良好的心态和情绪，就会用心做好每一件事。生活中许多人总是把活得太累、活得太烦的原因归咎于外界，却不懂得控制心态才是解决问题的关键。以何种心态去面对世事，完全在你自己，你完全可以选择和主宰你的心情。同样的处境、同样的事情，你以淡定的态度去对待，就会感到轻松自如；你用烦躁易怒的态度去对待，就如同坠入黑暗的深渊。

以淡定之心压住内心的火焰

我们生活、工作中的周围，总是有这样一些修养良好的人，他们对世间万事万物都能泰然处之，即使“兵临城下”，也不会愤怒，这并不是因为他们没有情绪，而是因为他们更能权衡不良情绪给自己和他人带来的不利影响，因此，他们通常会在最短的时间内找到怒火之源，并将其彻底消灭，而这样的人也能得到他人的认可，因为他不会让自己的负面情绪伤害到身边的人，因此，他也就成就了自己美好的修养和品质。

马克·吐温说："世界上最奇怪的事情是，小小的烦恼，只要一开头，就会渐渐地变成比原来厉害无数倍的烦恼。"而对于智者来说，在烦恼面前，他们不会愤怒，因为他们深知，愤怒是十分愚蠢的行为，只会让自己陷入糟糕的情绪循环之中。

愤怒是一种大众化的情绪——无论男女老少，愤怒这种不良情绪都在毒害着人们的生活。因此，不管在家里，还是在工作中，甚至在与你亲密的人相处的过程中，都需要进行愤怒情绪的调节，从而浇灭愤怒的火焰。所以，任何人都应把控制自己的情绪、抑制自己的愤怒作为修炼自己良好性格的重要方面。当你遇到了不快的事情即将要发火时，请告诉自己，如果我原谅他了，我的品质又提升了一步。自然就压制了要发火的倾向。

我们工作与生活的世界本身就是个有条不紊、有规律运行的有机体，只要正常运转，一切都会秩序井然，按部就班。就像一台计算机、一架飞机、一台机器，如果操作正常，控制良好，就能发挥它们的正常作用。人的情绪也如同一架机器一样，一旦失控，就不能正常运转，最终会导致人们陷入失败的沼泽。

聪明人深知，即使生气了也挽回不了什么，徒增许多怨气，于是，他们选择了不生气；愚蠢的人，他们总是看到事情的表面，凡事喜欢生气，总认为生气是自己的专利，殊不知，时间久了，生气成了自己的本性。做一个聪明人，还是愚蠢的人，关键看你如何去选择。

英国著名作家培根曾经这样说过："愤怒，就像是地雷，碰到任何东西都一同毁灭。"如果你不注意培养自己忍耐、心平气和的性情，一旦遇到导火线就暴跳如雷，情绪失控，就会把你最好的人缘全都炸毁。

在生活中，那些生气所带来的恶劣情绪会挑拨起内心的冲动，冲动的结果将会令我们更加生气。这样一来，情绪就会形成一种恶性循环，从此一发不可收拾。若是远离了生气，抑制了内心的愤怒情绪，我们就会到达开心的彼岸。

总之，生气的情绪，对于我们的生活来说，犹如一颗定时炸弹，将严重影响我们的正常生活，使生活失去原本平和的美丽。所以，我们需要告诉自己："发火前长吁三口气"，事实上，很多事情都没有想象得那么严重。如果不学着控制自己的情绪，任着性子大发脾气，不仅解决不了问题，还会伤了和气。

别人怎么说，别太在意

我们不难发现，那些真正的成功者多半都是特立独行的，他们从不奢求让所有人喜欢他们，在他们追求成功的道路上，他们也听到了一些闲言碎语，但他们始终坚持做自己，坚持自己的信念，最终，他们成功了。因此，生活中的我们也要学会明白一个道理：让所有人都喜欢我们是很不成熟的想法，不必委曲求全、做好自己，你才能获得快乐。

把事情做好的方法有很多，但首要的一条就是"不要试图把所有的事情都做好"；处理人际关系的准则也有很多，但最重要的一条是："不要试图让所有人都喜欢你。"因为这不可能，也没必要。

美国前任国务卿鲍威尔这样总结自己的为人处世之道，与两千年前的孔子有异曲同工之妙："你不可能同时得到所有人的喜欢。"

有人问孔子："听说某人住在某地，他的邻里乡亲全都很喜欢他，你觉得这个人怎么样？"

孔子答道："这样固然很难得，但是在我看来，如果能让所有有德操的人都喜欢他，让所有道德低下的人都讨厌他，那才是真正的君子呢。"

世界上确实有不少人，你越是努力和他结交，努力给他帮忙，他越是不把你放在眼里。反之，如果你做出成绩了，又不狂妄自大，自然能赢得别人的敬重。

然而即使你做得再完美无缺，也没有招惹任何人，仍然会有人看不惯你，仍然会有很多不利于你的传言。对某些心胸比较狭隘的人来说，你不需要招惹他，你在某方面比他优秀，这就已经招惹他了。

但其实反过来一想，无论你怎么做人做事，总是有人欣赏你，让所有人喜欢是件不可能的事，想让所有人讨厌也不那么容易。球星贝克汉姆也曾说："无法让所有人都喜欢你。"我们来看看他的一次经历：

2009年，他在回归洛杉矶银河队后的首个主场比赛中遭到了球迷的嘘声和抗议，但是"万人迷"贝克汉姆却不在意，他表示要想让所有人都喜欢自己是不可能的。

赛后接受美国当地媒体的采访时，贝克汉姆表示自己并不在意球迷的嘘声，他说："我不在乎。你不可能让所有的人都喜欢你。"在当天的比赛中，贝克汉姆用场上出色的表现回击了来自球迷的嘘声。银河队踢进的两个球都和小贝有关，其中一球还得益于他的直接助攻。

就连曾经公开批评过贝克汉姆的银河队球员多诺万也表示："如果大卫一直保持这样的状态，我确信他最终能赢回球迷的支持。"

的确，要想打破他人的成见，我们最应该做好自己，用实力给他们致命的一击，正如贝克汉姆的表现一样。当然，如果一些偏见总是存在，你也不必烦恼，因为任何一件事都存在正反两方面的影响，就比如桌子上摆了半杯水，你不要只看到杯子有一半是空的，而应该看到它还有半杯水呢。别人批评你，有则改之，无则加勉，实在无须为此影响心境，如果有人对你提出不满，发现了你的缺点，你应该虚心接受，然后改正；而如果是误会一场，可以找个合适的机会对其解释，实在无法解释，不妨敬而远之，不去理会。

人活于世，难免会被人评论，其中当然也有一些是语言上的伤害，而

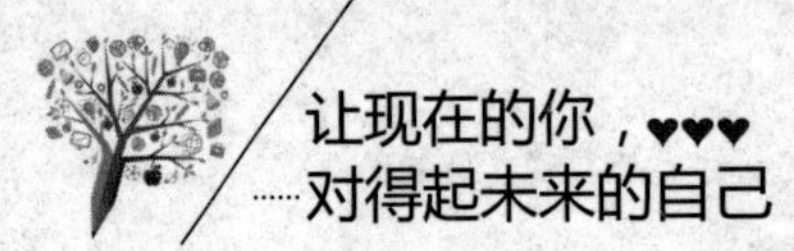

其实，如果我们能迷糊一点，视而不见，那么，对方必当会因为我们的以德报怨而心生惭愧，进而感念我们的宽容和大度，被我们的胸怀所折服。

有一天，在拥挤喧闹的百货大楼里，一位女士愤怒地对售货员说：“幸好我没有打算在你们这儿找‘礼貌’，在这儿根本找不到！”

售货员沉默了一会儿说：“你可不可以让我看看你的样品？”

那位女士愣了一下，笑了。售货员的幽默打破了他们之间的尴尬局面。

可见，事情弄得很紧张、很严重的时候，如果我们能大度一点，放下对方不快的言语对我们造成的伤害，便可巧妙地避免麻烦和纠纷。如果那位售货员对于争吵也采取一种较真的态度，那对大家又有什么好处呢？无非是更加激化双方的矛盾。正因为意识到这一点，这位售货员巧妙地批评了那位女士的无礼，从而制止了进一步的争论。

其实，人生，只要不存在原则上的对立，就没必要战争，没必要硝烟，没必要对抗，更没必要老死不相往来。人生需要更多的智慧，人生也必须有智慧能力解决问题。不以消灭对方或简单暴力结束彼此关系，可以给自己和冲突方最大的回旋余地，何乐而不为？比如，对待一个长舌妇，以牙还牙就失去了身份。一笑而过、沉默不语也未必不是一种很好的还击方法，必将使之气滞羞愧。

但其实反过来一想，无论你怎么做人做事，总是有人欣赏你，让所有人喜欢是件不可能的事，想让所有人讨厌也不那么容易。你绝不能因此而生气，更不能大动肝火，如果真这样，那么，你只能越描越黑，让他人无端产生很多猜忌，另外，你也会因为这些空穴来风的话而大伤脑筋，其实，如果你懂得放下的智慧，凡事不作过多的解释，那么，这便是最好的证据和回击的武器。

别太自负，始终保持内心谦逊

“虚心使人进步，骄傲使人落后”，这句话三岁的小孩子都会说，意思也很好理解，从字面上一看便知。然而，这样再普通不过的道理，生活中能够按照它去做的人却没有几个，大多数人都只是说一说，从来没有拿它当作一种指导，一种指引我们行为方向的指南针。骄兵必败，自古便是如此。国内外这样的例子数不胜数，从曾经霸及一时的拿破仑兵败滑铁卢，到楚霸王项羽自刎于乌江，无一不是用血的例子来验证这句话的正确。正所谓“成由勤俭败由奢，骄傲自满必翻车”。即使你曾经有过辉煌的成功史，也不要轻易骄傲，忍耐一些直到你取得下一次成功。因此，那些自负的人们，如果你曾经失败了，那么这很正常。

曾经读过这样一个故事，很有启发，无论你多么强大，多么成功，只要心中被骄傲占据，那么，你最终都会失败。

从前有一个农夫，他的地在一片芦苇地的旁边。那片芦苇地里常常有野兽出没，他担心自己的庄稼被野兽毁坏了，就总是拿着弓箭到庄稼地和芦苇地交界的地方去来回巡视。

这一天，农夫又来到田边看护庄稼。一天下来，没有什么事情发生，平平安安地到了黄昏时分。农夫见还安全，又感到确实有些累了，就坐在芦苇地边休息。

忽然，他发现苇丛中的芦花纷纷扬起，在空中飘来飘去。他不禁感到十分疑惑：“奇怪，我并没有靠在芦苇上摇晃它，这会儿也没有一丝风，芦花怎么会飞起来呢？也许是苇丛中来了什么野兽在活动吧？”

这么想着，农夫提高了警惕，站起身来一个劲儿地向苇丛中张望，观察是什么东西隐蔽在那里。过了好一会儿，他才看清原来是一只老虎，只见它蹦蹦跳跳的，时而摇摇脑袋，时而晃晃尾巴，看上去好像高兴得不得了。

老虎为什么这么撒欢呢？农夫想了想，认为它一定是捕捉到什么猎物了。老虎得意得简直忘了形，完全忘了注意周围会有什么危险，屡次从苇丛中跳起，将自己的身体暴露在农夫的视线里。

农夫悄悄隐藏好，用弓箭瞄准了老虎现身的地方，趁它再一次跃起，脱离了苇丛的隐蔽的时候，就一箭射过去，老虎立刻发出一声凄厉的叫声，扑倒在苇丛里。

农夫过去一看，老虎前胸插着箭，身下还枕着一只死獐子。

“螳螂捕蝉，黄雀在后”说的就是这个道理，这只老虎是悲哀的，这是因为它捕到了獐子万分高兴，便忽略了对周围环境的觉察，以致自己已经成了别人猎杀的目标都不知道，最后只能中箭而死。

古人云，轻诺必寡信。这不仅是一个主观上愿不愿意守信的问题，也是一个有无能力兑现的问题。自负者为了表明自己的能力超群，常常答应自己无力完成的事，当然会使别人一次又一次失望。

有这样一家公司，他们需要一名业务经理。

这天，一名年轻人来应聘，他自信满满地说：“在这行，我可以说是经验丰富，并且最擅长做终端业务，如果授予我相应的自主权，那么我敢保证，一年做成100万元业务绝不成问题。”总经理庆幸喜得人才，任命他为地区经理。谁知一年后，他只完成了50万元的业务。总经理大失所望，撤销了他的经理职务。

第二年，又有一位年轻人前来应聘，说：“我在这行才做了两年，自然不算经验丰富，但我希望贵公司能给我一次机会，那么我愿意竭诚为公司服务。”经理见他踏踏实实也很喜欢，就先让他干了一年。这一年，他干得果然卖力，一年完成了50万元业务。总经理对他大加赞赏，并提升他为地区经理。

同样是50万元业务，却一个降职一个升职，受到待遇如此不同。这是期望值不同造成的结果啊！在推荐自己的时候，着实需要拔高自己，但也要量力而为，更不能胡乱吹嘘自己。如果一味地说自己多么能干而到头来没有实现自己曾经夸下的海口，那么结果只会让人把你看低。

年轻人信心十足，有意拔高自己以获得他人尊重，心情可以理解，结果却难以如愿。然而，要做到自信却不自负，我们还需要正视自己的优缺点。

人生在世，要经历的东西实在太多，成功也好，失败也罢，都没有必要过于执着，若是因为成功而得意忘形，使自己陷入不利位置，更是得不偿失了。有些人在苦苦打拼的时候，一步一个脚印，踏踏实实地向前走，虽然艰苦却很少出什么大的纰漏。而另外一些人成功了之后，却整日沉浸在无尽的喜悦中，忘记了继续努力，忘记了敌人的虎视眈眈，最终只能自取灭亡，这样的人成功得快失败得更快。

上帝阻挡骄傲的人，赐恩给谦卑的人，如果你也是一个爱骄傲的人，就从现在开始审视自己，改变自己，做一个谦逊的人，一个能够忍耐喜悦冲动，奋发向上的人。

当然，谦卑并不意味着活在别人的眼光中。如果你能掌握好自己的自信尺度，你就能拥有自己的生活态度而不被他人左右；即便有，那也只能证明对方嫉妒你，所以他自信不足，看不惯你自信满满的样子，对于这样的人，你不必去理会，他的心态太贫穷了，你绝对不需要计较或者感到抱歉，因为你现在的所得是你努力争取的结果，你需要做的就是过好你自己的人生，向更高的高度去挑战。

可见，做人要信心十足，但不等同于自高自大、自我浮夸，只有抱着谦卑的态度，你才能不断进步！

积极一点，要相信明天是美好的

中国人常说：“因果联系”，的确，只有时时保持一种积极的人生态度才有获取成功的希望。我们任何一个人也只有始终保持积极阳光的心态，才能获得幸福的人生。无论你遇到多大的挫折，必须勇于承担，用乐观积极的心态去面对，即使心里再苦，也要阳光地微笑。人与动物最大的区别在于人会复杂的思考。你只有积极思维，表现得自信满满，才可能突破眼前困境，事实上，很多时候，事情远没有你想象的那么糟糕。如果你总是容易变得低落，那是因为你还没碰到最糟糕的事情，当你遇到挫折时，你想想这是不是最糟糕的？问问自己还有没有办法解决或缓解的方法？

曾经有两个人一起去旅行，他们在沙漠中行走了很久，食物早就吃完了。他们停下来休息的时候，其中一个人拿出剩下的半壶水，问另外一个人：“现在你能看到什么？”

被问的人答道：“只有半壶水了，哎……”

而发问的人说：“我看到的是，居然还有半壶水，我们又能撑一段时间了。”

最终，发问者靠着剩下的半壶水走出了沙漠，而被问的人却只走了一半，最终葬生在沙漠中。

为什么同样是半壶水，两个人的想法却完全不一样？最终结果也不一样？就是因为他们的心态不同。你拥有什么样的心情，世界就会为你呈现什么样的色彩。

同样，懂得自我调节的人，总是能看到事物的积极面，即使身处绝望之中，他们仍然能看到希望的种子，他们永远拥有乐观向上、不断奋斗的不竭动力。相反，那些失败者，他们总是一味地抱怨，总是认为上天不公平，落后时不想奋起直追，消沉时只会借酒消愁，得意时又会忘乎所以，他们之所以失败只因为他们没有学会控制自己的情绪。

我们任何人的一生，都需要我们用心来描绘，无论自己处于多么严酷的境遇之中，心头都不应为悲观的思想所萦绕，应该让自己的心灵变得通达乐观。罗根·史密斯说过这样一段话，言简意赅，他说："人生应该有两个目标，第一是，得到自己所想的东西；第二是，充分享受它。只有智者才能做到第二步。"

尘世之间，变数太多。我们唯一能掌控的，就是自己的心境，当厄运或不公正的待遇降临到人们头上时，如果无法改变它，就要学会接受它、适应它，并且，你始终要相信，接下来发生的一定是美好的事。

我们再来看下面一个故事：

有一天，在某个公交站牌处，一个小女孩和妈妈起了争执。

小女孩有点生气地对妈妈说："我就要去海边玩，为什么你不让我去？"

妈妈劝她："不是早说过了吗，今天出太阳了咱就去，但今天没有出太阳啊，而且天气预报说还可能要下雨呢，还是改天再去吧。"

"妈妈骗我，今天出太阳了……"

妈妈笑了起来，问道："哪里有啊，不要骗人，你说说，太阳到底在哪儿？"

小女孩抬起头来，东看看西瞧瞧，然后指着天空喊："那不是在那儿嘛。"

"没有啊，那只是乌云而已呀。"

"对呀！"没想到，小女孩一副非常认真的样子，"太阳就躲在乌云的后面呢，等一会儿乌云一走开，不就出来了吗？"

听到小女孩的话，所有等车的人都笑了。

对于积极的人类来说，太阳每天都在天空中，虽然有的时候我们看不见它，那是因为它正躲在云的后面，而乌云总有散开的时候，就如人生总有诸多的幸福会接踵而来一样。

那么，乌云密布的时候，你是怎样看待的呢？如果你也能看到乌云背后的太阳，那么，你就是个积极的人。

然而，现实生活中，总有这样一些人，一旦发生什么，他们就让自己沉溺在过去发生的事中，然后一味地抱怨和后悔，其实这样只会影响你当下的心境，影响你的判断和抉择。对于已经无法挽回的事，就别沉溺其中，否则你只能生活在一片混沌之中，而你可能未曾认识到的是，你之所以这样，是因为经历和磨炼得太少。

乐观的心态总会给人们带来好运，处于挫折中的人们也不必焦虑，其实困难就是纸老虎，战胜它最好的办法就是藐视它，你越是看重它，它就越发地淘气捣乱让你不好过；你若是看轻它，不把它当回事，它也就不敢和你挑衅了。总之，在困难和挫折面前，要坚强，即使心里再苦，也要微笑，“黯然神伤时，则所遇尽是祸；心情开朗时，则遍地都是宝”，如果你想获得幸福的话，就坚强一点吧！

著名潜能开发大师迪翁常常用一句话来激励人们进行积极思考：“任何一个苦难与问题的背后，都有一个更大的幸福！”这是他的招牌话，她有个可爱的女儿，但一场意外，夺去了这个可爱的小女孩的小腿，当迪翁从韩国的演讲赛上赶到医院的时候，她第一次发现自己的口才不见了。可是女儿却察觉父亲的痛苦，就笑着告诉他：“爸爸！你不是常说，任何一个苦难与问题的背后，都有一个更大的幸福吗？不要难过呀！这或许就是上帝给我的另一个幸福。”迪翁无奈又激动地说：“可是！你的脚……”

小女儿非常懂事地说：“爸爸放心，脚不行，我还有手可以用呀！”

听了这样的话，迪翁虽有几分心酸，可也欣慰不已。

两年后，小女孩升入中学了，她再度入选垒球队，成为该队有史以来最厉害的全垒打王！因为她的腿不能走路，就每天勤练打击，强化肌肉。她很清楚，如果不打全垒打，即使是深远的安打，都不见得可以安全上垒。所以唯一的把握，就是将球猛力击出底线之外！

这是一个乐观积极的小女孩，在最艰难的时刻，她留给人们的依然是微笑，因为她相信父亲的那句话“任何一个苦难与问题的背后，都有一个更大的幸福”，于是，灾难变得不再可怕，而她本人也更有能力面对那场艰难的挑战。

总之，放下悲伤，接受现实，才能重新起航。生活中的人们，别以为胜利的光芒离你很远，当你揭开悲伤的黑幕，你会发现一轮火红的太阳正冲着你微笑。请用一秒钟忘记烦恼，用一分钟想想阳光，用一小时大声歌唱，然后，用微笑去谱写人生最美的乐章。

第七章

留有余地，给自己留条退路

生活中，我们会发现，我们看书的时候，总是发现书页的四围留有一些空白的地方：仔细观察水泥路面，我们不难发现每隔一段距离，水泥路面之间就会有缝隙；即使是农民种庄稼，也会在行与行之间留下空隙……其实，这些都是留有余地。做人做事也是一样，只有给自己留有余地，一旦事情发生变化，才不至于使自己陷入尴尬的境地，进退两难。做人的艺术，就是要讲究平衡，既要左顾右盼，又要瞻前顾后。做事情的时候，一定要讲究三思而后行，事先考虑周全。

少说多听常点头

现代社会，人们的生活和工作学习的速度越来越快，人们凡事都追求高效率，也就是“快”，但这并不是无一例外，比如说话，不经思考说出的话小则可能导致听者的不快，大则逞一时口舌之快，招致祸端，令你后悔无穷。

所以，我们在与人交往的过程中一定要谨言慎行，说话前一定要考虑你说出话后可能带来的影响。

刘邦称帝后，韩信被刘邦封为楚王，不久，刘邦接到密告，说韩信接纳了项羽的旧部钟离昧，准备谋反。于是，他采用谋士陈平的计策，假称自己准备巡游云梦泽，要诸侯前往陈地相会。韩信知道后，杀了钟离昧来到陈地见刘邦，刘邦便下令将韩信逮捕，押回洛阳。回到洛阳后，刘邦知道韩信并没谋反，又想起他过去的战功，便把他贬为淮阴侯。

韩信心中十分不满，但也无可奈何。刘邦知道韩信的心思，有一天把韩信召进宫中闲谈，要他评论一下朝中各个将领的才能，韩信一一说了。当然，那些人都不在韩信的眼中。刘邦听了，便笑着问他：“依你看来，像我能带多少人马？”“陛下能带十万。”韩信回答。刘邦又问：“那你呢？”“对我来说，当然越多越好！”刘邦笑着说：“你带兵多多益善，怎么会被我逮住呢？”韩信知道自己说错了话，忙掩饰说：“陛下虽然带兵不多，但有驾驭将领的能力啊！”刘邦见韩信被降为淮阴侯后仍这么狂妄，心中很不高兴。

后来，刘邦再次出征，刘邦的妻子吕后终于设计杀害了韩信。

追随刘邦打天下倾尽全力的韩信，也因自己的口误而招来杀身之祸，可见，他并没有明白“伴君如伴虎”的道理，树大招风，一个人不注意自己的说话方式，过于招摇，必然会给自己带来不必要的麻烦。

在我们的生活中，我们也发现一些人，他们无论与谁沟通，都喜欢将自己的想法不加思索地表达出来，因为词不达意，他们常常让自己或交谈的对方陷入语言尴尬境地。

小王是一家外企的人事部经理，负责人事招聘工作，在职场多年的他，却还是管不住自己的嘴巴，有一次，他便得罪了一个应聘者，让自己下不来台。

该应聘者是伯明翰大学留学归国的，但没具体说哪所学院，小王居然脱口而出就是一句让人大感不恭的话："国外的大学有一流的也有末流的。"这句话的意思不就是怀疑那人有点儿徒有虚名吗？这句话让那名应聘者逮个正着，非让他说出伯明翰到底哪所学院是末流。

实际上，小王也知道，伯明翰大学虽然有不同的学院，水平也不一，但还不至于有哪个学院是末流，他的话其实是逞一时口舌之快说出来的，并没有什么实际意义。僵持到最后，那个应聘者也"豁"出去了，非得与小王争个高下，僵持到最后，小王不得不向人家赔礼道歉。

小王这是自找麻烦，一句无心的话被人抓住了把柄，结果弄得自己很尴尬，可见"逞一时口舌之快必后悔""言多必失"的危害。

其实，那些直言直说的人并没有什么坏心眼，多半是心浮气躁、又习惯指责他人的人，这一点在年轻人身上似乎更为明显，他们做事冲动，说话不经过大脑，想到什么就说什么，似乎在他们的心灵世界里根本就没有"忍"字可言，尤其是当他们心中不悦的时候，见事骂事，见人骂人，为的是排遣胸中的忧烦。可是，他们根本没有想到，当自己某些话脱口而出后，情绪是宣泄了，而听者的感受如何呢？"说者无心，听者有意"，你的无心之话可能就引起了对方心中的不快。

的确，人与人之间因为语言产生的误会是一种小摩擦，也有一些人对这些鸡毛蒜皮的小事心胸宽广，但毕竟这是少数。人际关系毕竟是互相的，当你由于逞一时口舌之快，说了带情绪的话，伤害了对方的自尊心，对方被伤害后，自然也会采取措施来报复你的莽撞，即使对方当场不表现出来，你也已经树敌了，总之，要么把口水仗打得如火如荼，要么引起别人记恨，酿成祸端。

这也给我们一个警示：与人相处，管住自己的嘴巴，凡事多个心眼儿，俗话说：“三思而后行。”说话也一样，语言经过了大脑的思考才更有说服力，而且，也能经得起对方的“检验”。所以，无论在什么场合，面对什么人，你都需要“嘴边留个把门的”，这样的言语才会显得慎密、谨慎。

总之，年轻人，一定要三思而后行，在你要说出心头的话以前，先想一想：这话可是真的，这话厚道吗？在确定不会伤害他人后再说出口，才能起到一言九鼎的作用，你也才能受到别人的尊重和认可。千万不可逞一时之快，而给自己带来潜在的人际关系危机！

谨言慎行，说话留有余地

著名的哲学家、教育家苏格拉底曾经说过：“一颗完全理智的心，就像是一把锋利无比的刀，会割伤使用它的人。”在这个世界上，没有任何事情是完全绝对的，每件事情都像一枚硬币似的具有两面性。这就告诫人们，不管是说话还是做事，都要给自己留有回旋的余地。

诚然，我们都喜欢那些说话做事直接、不隐晦的人，他们给人以率真的印象，然而，一些人却没有把握好说话、做事的分寸，常常因为自己言行举止毫无顾忌而失了分寸，甚至还伤害到他人。与人交往，如果待人真诚、和善、大方，谈吐文雅，就会给人留下良好的印象。任何人都讨厌那些满嘴脏话、尖酸刻薄的人。因此，如果你希望自己成为一个受人欢迎的人，就要管好你的嘴巴，要做到谨言慎行，要给自己说的话留有余地。

一位学生物学的女孩和一位中文系的男生相恋了。两人漫步在林荫道上，小伙子兴致勃勃地念了两句诗：“春蚕到死丝方尽，蜡炬成灰泪始干。”他得意之时，姑娘则冷冰冰地说：“真可笑！春蚕吐丝作成茧，变成蛹后飞出蛾，它怎么死了呢？”小伙子顿时不快，回敬道：“这是古诗，是李商隐的绝作！”“那李诗人也是无知。”两人论战得不分上下，最后不欢而散，分道而行。

本来，小伙子吟诗是信手拈来，略带转文之意。而女孩却不分语言环境和情绪气氛，语言傲慢且偏激似是讥讽男友，大大地伤了男孩的自尊心和感情，这样的女孩怎么能得到男孩的爱恋呢？当然，交际中，不懂得把握说话、做事的分寸并不会引起如此恶劣的结果，但会损害人际关系，疏远人际间的距离。然而，在制度森严的封建社会，不谙说话、做事之道的人，很有可能为此断了性命。

魏文帝曹丕，对人冷漠无情，心胸狭隘。曹操在位时，鲍勋担任魏郡西部都尉的官职，负责邺城（今河北临漳县）西部的治安。那个时候，曹丕还是太子，他的夫人郭妃之弟因为触犯了法律，鲍勋便将他依法收捕了。为了此事，曹丕出面求情，但是鲍勋为人清正廉明，拒不答应，依法惩办了郭妃之弟。自此以后，因为这件事情，曹丕一直耿耿于怀，总是想伺机报复鲍勋。

曹丕即位后，鲍勋不仅没有避让风头，反而更加直言不讳地向曹丕进谏。因为鲍勋进谏的方式和措辞过于直接，又几次惹得曹丕勃然大怒。然而，如今的曹丕已经不同于往日了，他掌握着满朝文武的生杀大权，完全可以任意处置鲍勋。

有一次行军宿营，鲍勋担任营中执法官。一天，他的一个朋友来军营探望他，因为军营还没有建好，所以朋友从中抄了近道。按照军规，军营内是不许抄近道的。军营令要以违犯军规处置鲍勋的那个朋友，鲍勋以营垒刚刚打桩画线、还没有建成为由，为朋友据理力争。

曹丕知道这件事情后，大喜过望，他终于抓住了鲍勋的把柄，因此马

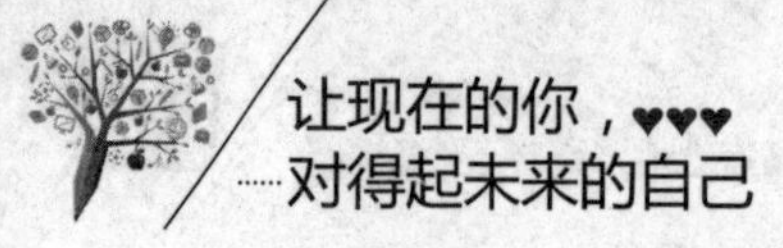

上下令道：“鲍勋指鹿为马，应交办治罪！”

执法大臣接到命令后非常为难，因为鲍勋自己并没有违反军规，而只是念及朋友情谊保护了友人而已，性质根本没有这么严重，更不至于被比喻成大奸臣赵高呀！曹丕勃然大怒，说道：“鲍勋罪在必死，如果你们胆敢袒护他，我就将你们一并治罪！”

事已至此，朝中的一大批元老重臣都认为曹丕未免有公报私仇之嫌，因此全都出面为鲍勋求情，就连主持司法的大臣高柔，也舍身取义地坚决拒绝执行斩处鲍勋的诏命。这下子，曹丕更加生气了，他把高柔召到朝堂软禁起来，亲自出面派遣使臣杀了鲍勋，然后才放了高柔。

在上述事例中，虽然曹丕的确是冷漠无情、心胸狭隘的，但是，鲍勋其实也是有一定的错误的。古人常说，伴君如伴虎，作为大臣，在和帝王相处的时候，一定要讲究方式方法，既要据理力争，也要保全自己的性命。而鲍勋的错误之处恰恰在于他只看到眼前的事情，而没有长远考虑身后的事情，做事情的时候有欠考虑。也许，他至死都不知道曹丕为什么一定要因为这点儿小事而处死自己。

由此可见，在说话、做事时，一定要三思而后行，特别是对地位比自己高的人，在交流和相处的时候更要谨言慎行，这样才不至于在不知不觉之间给自己惹来杀身之祸。当然，现代社会已然没有了真正意义上的杀身之祸，但是，人在职场，如果因为言行不慎而导致自己失去工作，不也很可惜的吗？

不管面对什么事情或者是人物，在你作出论断的时候，一定要给自己留有余地。对于别人所说的话，我们一定要结合实际情况综合考量，不可片面地主观臆断。在社会上生存，不管是处事还是做人，人们都应该学会给自己留有余地，留条后路，事情不要做得太绝，话也不要说得太满。只有凡事都给自己留有余地，才能在回头的时候有路可走，从而避免自己彻底失败的命运。

总而言之，人有很多种智慧，然而，真正能够称得上是人生智慧的就是给自己留有余地。话说要有弹性，做事要有分寸，凡事都讲究灵活的安排，以使自己回旋的余地更大。否则，一旦被别人抓住把柄，就会在无形之中给自己的人生设置障碍，甚至改变自己的人生轨迹。

沉默是金，更能表达你的反驳

生活中，我们经常听到这样一句话："沉默是金"，对于这句话，我们又有几分了解呢？这不只是一句简单的成语，更是我们做人做事应该学习的智慧，生活中有些东西藏在心里便是一种真实，一种深刻，说出来，反而索然无味。我们可能都有过这样的感觉：那个与你仅有一面之交便一览无余的人，你会觉得索然无味，因为他说的话太多。而那个一直保持沉默的人，你不仅仅对他印象深刻，还有种很神秘的感觉，并产生了探寻他内心世界的愿望。最重要的是，在日常生活中，面对他人的否定、挑衅甚至是言语伤害，沉默更是一种反驳和自我保护的方法。

生活中的人们，你要明白，适当保持沉默是一种成熟和矜持，更是一种庄重和典雅，言语过多、暴露无遗，只会让人看轻你。

"有道德的人，绝不泛言；有信义者，必不多言；有才谋者，不必多言。多言取厌，虚言取薄，轻言取侮"，可见，"千言万语"并不是什么好事，沉默才能保护你，一个说话极随便的人，一定没有责任心。话多不如话少，话少不如话好，多言不如多知。多言是虚浮的象征，因为通常情况下，人们都觉得口头慷慨的人，行动一定吝啬。

小刘是个大大咧咧的人，平时话比较多，也比较随意，一不小心就会惹到公司的同事，当然，他都是有口无心的，有一天，他一不小心听到公司那个一直和他作对的同事说他的坏话，心中非常愤慨。

在回家的路上，他一边生着气，一边想着怎么把这些辱骂的话还回去。走着走着，他无意间走进路边的玩具店，看见两个小女孩指着一个布娃娃评头论足。这个娃娃的造型可能和她们想象中的差别很大，或者是和她们不喜欢的玩伴的布娃娃一样，反正，她们对布娃娃横挑鼻子竖挑眼的，可是布娃娃坐在货架上对那些无知的指责无动于衷。

小刘望着那个布娃娃，只觉得自己滑稽可笑，受点委屈连一个布娃娃都不如，还算什么男子汉大丈夫！这么一想，满肚子火气一下子不知跑到哪儿去了。

第二天，那个同事已经知道小刘听到他和其他同事的谈话，但小刘却一改常态，任何怪罪的意思都没有，那个同事自知惭愧，主动与小刘和好了。

案例中，小刘的做法是明智的，在听到同事的辱骂后，原本很气愤的他准备还击，但布娃娃却教育了他，从而避免了一场同事间的争吵。身处职场，你可以不去攻击别人，但必须懂得保护自己，沉默就是最好的“隐身术”。如果你遇到小刘这种情况，也应该学会沉默。初入职场，少说多做，能有效地保护自己，而如果同事为了自己的利益恶意攻击你，你的最佳防卫方式就是学会“装聋作哑”、保持沉默，因为没有人会自找没趣地和一个聋哑人争斗，因为斗了也是白斗，聋哑人面对任何人的语言攻击都只能以沉默反击。所以，对于挑衅的同事，你以沉默来面对他，他最多会谩骂几句，然后自己离开。

当然，这里的沉默并不代表默默承受别人的侮辱，而是一种大智若愚。对于所遇到的事情，多用眼睛去看，多用耳朵去听，多用脑袋去思考，并不是没有自己的意见，而是谨慎的作出结论，用不着把所有的都展示在大众的眼前。所以，我们与人交往，要遵循“闭上嘴巴，默默地充实自己”的原则，这才会多一份深度，少一些冲动，多一些涵养，少一些抱怨！

学习市场营销的女孩婷婷毕业后，在一家地产公司找到了工作，但她一进这家公司，就遇到了一个刁蛮、好斗的同事，很多同事在被她攻击之后不是辞职就是请调，但婷婷决定，无论怎样，都不要和她产生正面冲突。

一天，这位同事的矛头指向了平日只是默默工作、话语不多的婷婷，谁知婷婷只是默默地笑着，一句话没说。

最后，好斗的那个同事主动鸣金收兵，但已气得满脸通红，一句话也说不出来了。

过了两个月，好斗的同事竟然自己主动辞职了，公司好多人都对婷婷刮目相看，心想：一个刚毕业的小姑娘是怎么收服那个刁蛮的泼皮子的呢？

很明显，婷婷用的也是沉默这一招儿，用“此时无声胜有声”来对付同事的刁难实在是明智之举。如果你在工作或生活中遇到攻击，你可以仔细想想：

如果他是恶意的攻击，你可以一笑了之，那你别担心，因为一定是你在某一方面做得很好，可能他是出于嫉妒的心理，这说明可能你在某些地方做得超乎他的想象，所以对于这类人你可以不用管他，继续走自己的路，唱自己的歌，做自己应该做的事，完全没有必要进行什么所谓的“报复”，因为报复的代价实在是太高了，他最终会伤到自己的，你大可放心做自己应该做的事。

但如果那人是出于一片好心对你的言语攻击，就说明你在某方面做得不够好令他失望了，那你首先要“负荆请罪”感谢他，然后找出自己的毛病并改正，努力做到最好！面对别人对你的语言攻击，尤其是让你生气的那一类攻击，只要你不生气，就是最好的反击，如果加上微笑，那就更完美了。

其实，不仅仅是职场、生活中，在这样一个竞争激烈的社会中，保持沉默也是最明智的生存之法。与人打交道的过程中，少言寡语、多做少说的人会给人一种稳重的感觉，也因此，古代的谦谦君子把沉默是金当作自己的人生信条，“万言万得不如一默”！

当然，我们在该沉默的时候沉默，并不代表什么都不说，这要视具体的情况而定，沉默不是怯懦，沉默也不是无能，沉默不是麻木，沉默是一种大智若愚、一种生存智慧！不应该沉默的时候不能沉默！

学会拒绝，同情心泛滥容易被人利用

生活中，有这样一些人，他们心地善良，对别人的要求总是有求必应，他们情愿自己受委屈，情愿自己牺牲，也要满足别人；当自己有困难的时候，也从不求助于他人；他们宁愿背地里哭泣，也要把欢笑留给别人；如果有人不同意，他会立刻觉得自己的看法是错的。总之，他们最大的特点就是讨好别人，愉悦别人。表面上看，他们是别人眼中的好人，但其实，他们是同情心泛滥，他们害怕因为拒绝别人而影响自己和他人之间的关系，抱着这样的心态，他们对人毫无防备，对于别人的请求更是来者不拒，到最后才发现，原来别人是挖好了“陷阱”让自己跳，悔之而不及。

因此，身为一个社会人，我们必须记住的是，对他人心怀善意是好事，但同情心泛滥就可能会使我们陷入困境之中，所以我们要学会拒绝。

大学一毕业，珠珠就进了现在的这家外贸公司。进公司前，很多朋友包括父母都一再地提醒她，做事一定要勤快，对同事要热情，对前辈更要尊重。珠珠深知自己是经过层层选拔进公司的，对这份工作非常珍惜，因此，父母和朋友的话自然“照单全收”了，她下决心要努力做好。

初来乍到的她，对一切都充满好奇，同时也牢记长辈们的叮咛。珠珠从小就性格懦弱脾气好。只要同事们说几句软话，她都有求必应，“我要去接孩子，真的麻烦你了，”“我今天身体不大舒服，你能帮我值班吗？”慢慢地珠珠就成了办公室的值班专业户，另外，一些杂活儿，比如，复印文件、搜查资料、买饮料、叫快递……都被珠珠包了，每天她就在这样的杂事堆里忙碌着。一直以来，珠珠的待遇还是实习生的标准，后来几次，她尝试着拒绝同事，但同事们的怨言就来了，更有人说她心机重，与刚来的时候不一样了。

同事们的怨言让珠珠很郁闷，好像自己就应该被他们差遣似的。现状让她非常失望，更不知道该如何改变别人对自己已形成的看法，给自己一个转变的空间。她在那里工作了一年半后，不得不提出了辞职，另谋出路。

从珠珠的职场遭遇中，年轻人要明白，在职场这个复杂的环境里，最好不要做“滥好人”，一旦你成了滥好人，你只有逆来顺受地接受同事的所有要求，成为办公室的勤杂工，你要想改变这种现状的唯一办法就是：辞职、另谋出路，这也是珠珠后来的选择。

从珠珠的经历中，我们得出一点结论，与人打交道，即使你心地善良，也要收起泛滥的同情心，只有学会拒绝别人，才能有效地保护自己。可能你会产生疑问，如何拒绝才能不伤害彼此感情呢？其实，学会拒绝，并不是一件难事。我们先来看下面的一则案例：

陈鹏是一名部门主管，当初公司把他调到这个部门的时候，他就不大乐意，因为他早有耳闻，这个部门的前任主管在管理团队的时候，喜欢事必躬亲，什么都为手下安排得妥妥当当，喜欢当老好人，部门大事小事总是一把抓，从而导致此部门员工没有得到很好的历练，因此，他们在公司所有部门员工中能力是最低的。但既然公司已经下达了指令，陈平只好硬着头皮上了，他也有志于改善部门状况。

报到的第一天，秘书小林就对陈鹏说：“主管，这之前没有做过这类的报表，你帮我做一下吧。”

听到这话，陈鹏觉得很诧异，做报表在公司一直都是秘书的本职工作，小林的请求实在是太过分了，他很生气，但一想到第一次就这么严厉地对待员工的请求，势必会让自己在下属中留下不好的印象，因此，他想了想，对小林说：“不好意思啊，今天我刚来，事情太多了，等忙完这周的活，你再把数据表拿来。”

一听陈鹏这么说，小林心想，这份报表周五前必须交到公司财务部，哪里还等得到下周？于是，她只好自己去处理了。

这招果然奏效，后来，陈鹏用同样的方法摆平了很多下属们的请求。

案例中的主管陈鹏可谓是一片苦心，为了让下属能尽快成长起来，他觉得让下属自己动手更有积极的意义，于是，面对秘书的工作求助，他采取了拖延的策略加以拒绝。这种心理策略很简单，对于你不想答应的请求，你完全用不着下决定，用不着点头或者摇头，而只是让来请求你的人迟些再来。例如，你可以说："我的任务现在排得满满的，你能不能两个礼拜以后再来找我？"如果这个人不错的话，他会把两星期后再来找你这件事加进自己的备忘录里。要是这人不地道，他们肯定早把你忘了。有的时候如果你连着拖延了两回，那个人就会放弃了。

其实，拒绝别人或被别人拒绝，是我们每个人一生中每天都可能经历的事情。这是人生中非常真实的一面，谁都有这样的经历，朋友、同事，甚至领导来找你帮忙，但有时他们所提出的要求是你没有能力或不愿意去做的，此时，我们就要学会拒绝他们的请求。当然，拒绝绝非简单地说"不行"，而要阐明不行的理由，让对方知道你的难处，从而理解你。这样你才不会因为拒绝对方而得罪对方，不至于影响你们之间的交情。

总之，我们需要记住的是，防人之心不可无，有些事情，你拒绝了，你就远离了危险；你接受了，就可能给自己埋下了祸端。因此，为了保护自己，你必须懂得拒绝别人。

学会靠自己，别总依赖别人

现代社会，竞争越来越激烈，我们的压力也越来越大，在巨大的生存压力下，就难免出现一些人际之间明争暗斗的现象，其中就不乏有一些钩心斗角、尔虞我诈之人，以职场为例，通常情况下，同事之间是合作的、互惠互利的关系，而很少有同学之间那般纯洁的友谊和战友之间那般换命的交情。因此，同事之间只能合作，而不能依靠。而假如一个人总是依靠别人的帮助，那么，一旦他们之前的合作关系破裂，他就会遭受巨大的创伤。或者，即使他们之前的合作关系保持完好，合作关系也是与利益有关的，所以，很难保证在面对更加巨大的利益时，你的合伙人是否会利用你成就自己。

所以，无论做人还是做事，都要靠自己，要有自己的主见，不能凡事都随大流，碰到挫折便畏缩不前，更不能盲目地听从别人，一味地依赖别人，违背自己的人格，失去做人的主体而成为奴隶，这样活着有什么意义，有何价值呢?

一个人在屋檐下躲雨，突然看见远处走来了一位撑着伞的禅师，因此，他大声喊道：“禅师！佛法讲求普度众生，你可以度我一程吗？”禅师说：“我走在雨里，你躲在屋檐下，我被雨包围着，而你藏身的屋檐下却根本没有雨，你有何需我度你呢？”

听到禅师这么说，那个人赶紧走出屋檐，站在雨里，说：“您看，我现在也在雨里了，如今，你可以度我了吧？”禅师还是说：“我依然不能度你！”那个人疑惑不解地问道：“刚才我在屋檐下你不度过，现在我在雨里，你为什么还是不度我呢？”禅师说：“此时此刻，咱们俩的处境是一样的，即都在雨中。唯一的区别在于我带伞了，而你没有带伞，所以我没有淋雨，而你却淋雨了。确切地说，我之所以没有淋雨，是因为伞度我，因此，我根本无法度你。假如你想找人度你，那么，你根本不必找我，正确的做法是找伞！”

虽然那个人被大雨淋得浑身都湿透了，但是，直到最后，禅师也没有度他。

那人愤愤不平地说：“既然不愿意度我，就应该早点儿说明。绕了这么大一个圈子，是故意想让我淋雨吧。人们都说佛法讲求‘普度众生’，

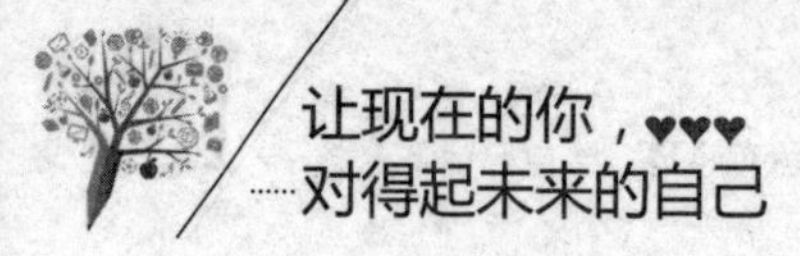

我看佛法是‘专度自己’！”禅师听了，丝毫没有生气，而是平心静气地说：想要不淋雨，出门的时候就要记得自己带伞。

有的人总是想依赖别人，即使看到天马上要下雨了，也不带伞，一心只想着别人肯定会带伞，肯定会有人帮助他，实际上，这种想法是最害人的。如果一个人不依靠自己的努力，而一心只想着依赖别人，到头来终将毫无所得。实际上，真正悟道的人是不会被外物干扰的。人生来就有自性，只是有的人因为平日不去寻找，所以还没有找到而已。如果自己不作任何努力，只把眼光放在别人身上，想依靠别人成功，那简直是不可能的。

有一天，一个老人和一个年轻人一起来到沙漠里栽种胡杨树。等到树苗成活以后，老人很少来，即使偶尔来了，也只是扶一扶被风刮倒的树苗，不浇一点水，任由胡杨自由地生长；年轻人却觉得沙漠里太干旱了，树苗很难长成大树，所以每隔几天就来给树苗浇水。转眼间，几年过去了，老人的胡杨树看着很干枯，似乎在沙漠中渴了很久的枯树一样。而年轻人的胡杨树则不一样，它们郁郁葱葱，长得很粗壮。沙漠里的气候很恶劣，突然有一天，刮起了罕见的沙尘暴。风停后，人们惊讶地发现老人种的胡杨树只是被风吹折了一些树枝，吹掉了一些树叶，而年轻人栽的胡杨树几乎全被风刮倒了，有的甚至连根拔起。年轻人疑惑不解，就问老人这是为什么，老人缓缓地说道：“这是因为你总是隔三岔五地来给树浇水施肥，这样一来，它们自己就不会努力把根往泥土深处扎以吸收养分和水分。而我种的树则不同。自从树苗成活以后，我从来没有给树浇过水，因为生存环境的恶劣，所以它们不得不把自己的根扎到地底下的泉源中去。你想，树有这么深的根，怎么可能轻易地被风刮倒呢？”

以上两个案例都说明了一个道理，过分地依赖别人，必将使自己在面对困境的时候手足无措。就像胡杨树一样，任何时候，人都应该靠自己，只有这样，才能使自己从容地面对人生的风风雨雨。这个道理同样适用于我们的生活和工作中，虽然我们在职场，职场不讲求佛法，环境也不像沙漠那般恶劣，但是，职场同样要求每一个人勤奋努力，依靠自己获得成功。

其实，人生就是一个过程，是一个历练自己、成就自己的过程。歌中有云，不经一番寒彻骨，哪得梅花扑鼻香。不管是在生活中，还是在工作中，我们都要依靠自己，自立自强。如果过分依赖别人，轻则被别人釜底抽薪，重则被别人利用，不管是哪一种解决，都是我们所不愿意看到的。

如果你想做出一番成绩，就必须全面、正确地认识客观事物，通过由表及里，由此及彼，去粗取精的加工过程，抓住事物发展的规律，结合自身的条件，制定符合实际的理想和奋斗目标，在实施中根据客观事物的发展变化修正理想和目标，使人生幸福之路永远常青。

总之，我们要做个有自信、有主见的人，要有自己的思想和决断，不要总是依赖别人，只有这样，你才能获得事业、爱情以及人生的成功。

低调为人，是保护自己的策略

中国有句古话："世事洞明皆学问，人情练达即文章。"这句话的通俗含义是，对社会上的事都明白了，那就是学问；对处理人情事故干练而通达，那就是文章。的确，人的一生无非是做人与处世，我们任何一个人，在离开学校以后，都应该褪去身上的学生气，都要摒弃孩提时代的无知，增添一些世态心，毕竟社会是个复杂的大课堂，也自有它的原则，这是你在学校课堂上永远学不到的东西。如果你毫无"城府"，贸然冲撞，就会处处碰壁。适应这种规则并掌握这种规则，皆是左右你人生的大学问，比理论知识更重要也更实际。

小娟毕业不久，就找了一份很让同学们羡慕的工作，成为人们眼中的白领一族，于是，小娟总是开心地、努力地工作着，但她不明白的是，为

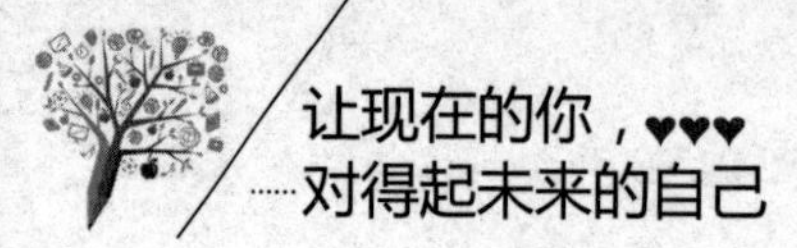

什么自己越来越受冷落呢？原来，事情就坏在她的一张嘴上。

小娟因为个性活泼，在刚进公司的那一段时间，她一度成为办公室的“开心果”。不过，久而久之，她不假思索的讲话方式，逐渐令人生厌。

有一次，她看到前辈张姐穿了一条漂亮的裙子进门，立即开始赞叹起来：“张姐，你的裙子好漂亮哟！”她一看，还是条名牌裙子，就顺便再多说一句：“这条裙子至少要1000多元吧？你还真有钱！”本来笑容满面的张姐，表情顿时添了一份尴尬。

月底，又要发奖金了，会计不小心让小娟看到了王小姐的工资条。小娟立即在办公室宣扬起来：“小王啊，你真是有能耐，我们同时进公司的，你的奖金怎么这么多，一万多块，恭喜呀！”公司对每个人的奖金是保密的，经小娟这么一“恭喜”，王小姐有了一丝不悦。

类似这样的事情还有很多，久而久之，大家都不敢和小娟多说话了，大家也议论开了：小娟很开朗，就是喜欢什么都拿出来说。”“还是太小了，不懂事。”“不是不懂事，是修养问题呀！”

渐渐地，小娟也不怎么开心了，因为她明显地发现，大家好像不怎么喜欢自己了，自己讲话时，办公室听众少了，就连讲笑话接茬的人都没有了。

祸不单行，最近小娟又惹到上司了：因为公司业务上升，她对加班有了一些不满：“老板怎么这么小气，不给我们加班工资？”结果这话很快传进老板耳朵里，她被叫去问话：“听说不给你加班费，你就要罢工了？”担心被开除，小娟连连认错，不过她心里不服，自己哪有要罢工，只不过心直口快而已。

事实上，小娟的确没有做错什么，只是，她忘记了，作为职场新秀，必须懂得人情世故，尤其是说话时不能抢着说，要想着说，办公室交流是必要的，不过一些大家忌讳的东西最好少说为妙。她的心直口快，刚开始大家能忍受，但没有人希望成为她的话柄，于是，“惹不起躲得起”，小娟就被孤立了。

可见，生活中的人们，为了更好地立于世，我们都有必要学习如何为人处世。除了要管住自己的嘴巴外，我们还需要低调为人。低调为人是一个人成熟的标志，是保护自己的一种策略，也是为人处世的一种基本素质，我们应该像向日葵一样，在成长的过程中，它们镶嵌着金黄色的花瓣，高昂着头，但一旦籽粒饱满，它便会低下沉甸甸的头，因为它成熟了、充实了。

有两个气球，一个好大喜功，总想胜人一筹。当看到同伴的个头和它一般大的时候，它很不服气，因此它努力吸更多的空气。为不使同伴超过它，它贪得无厌地吸食着气体，把躯体撑得又肥又胖，皮肤薄得透明，而且光润有泽。就这样，它还不满足，又把自己的气嘴扎紧，怕漏了一丝空气。当一只手来压迫它时，它仍不肯松口，结果它不堪重负，“砰”的一声破碎了。而另一只气球，不像同伴那样争强好胜，它吸食的空气并不太多，总是保持在自己能承受的范围内，它的肤色当然不如同伴那么光亮，气嘴扎得也不太紧，当那只手来压迫它时，它就毫不吝啬地释放一些空气，虽然损失了一些空气，但保全了自己，所以这只气球仍然健在。

这个道理同样适用于交际应酬中，低调行事实际上是一种养晦之计，不求争先、不露真相，这种甘为愚钝、甘当弱者的低调行事术，实际上是精于算计的隐蔽。低调是一种智慧，是为人处世的黄金法则，懂得低调的人，必将得到人们的尊重，受到世人的敬仰。

因此，生活中的任何一个人，都要记住这一处世原则，不要让自己成为众矢之的。你是否发现这种依稀现象，生活中那些工作出色、处处拿第一的人，似乎并没有什么朋友，而那些能力一般的人似乎周围总是不缺朋友，其实，也就是这个道理，因为每个人都不希望自己的朋友强于自己，让自己成为配角，而对于那些抢尽风头的人，他们一般必会采取措施来排挤他。

古人云：“良贾深藏才若虚，君子盛德貌若愚。”这句话的意思其实就是：聪明的商人总是隐藏其宝物，君子品德高尚，而外貌却显得愚笨，这就是一种低调，低调做人是非常值得赞赏的一种做人的品格。

在我们的生活中，确实有一些人，他们“才高八斗”，但却自恃才高，居功自傲，结果遭到别人的排挤，于是，哀叹“世态炎凉”“时运不济”，其实，他们更应该思考的是，自己在做人方面是不是有什么失误。要想获得友谊，赢得良好的人际关系，就要平和待人，切不可自以为是；要想赢得成功，就更要学会低调做人。在这个错综复杂、五彩缤纷的世界上，不同的人有不同的命运，有的人一生乐观豁达，与世无争、谦虚好学，平步青云，一路欢乐，让人赞扬和钦佩；而有的人则骄傲自满、处处受阻，最终导致郁郁寡欢。碌碌无为，抱恨终生，遭人非议、鄙视、唾弃。很明显，我们都愿意选择做前者，其实，这两种人生境遇的差异，究其原因，是为人“调”不同，低调做人是一种生存的大智，是一种韧性的技巧，是做人的一种美德。

总之，我们每个人都应记住，任何一个人，从踏出校门的那一刻起，就应该褪去身上的学生气，都应该学习一些为人处世之道，人生的路很长，只有稳健地走，才会走得长远，才会最终达到梦想中的那个目标！

学会打好人情这张牌

自古以来，中国人都讲“人情”，人情到了好办事，在商场上，人情是你获得利益的法宝；职场上，人情是你开展工作的敲门砖；这就是人情带来的影响力。因为人情可以使人在负债心理的影响下，激发出感情，而感情则是人们愿意为某个人或事物无偿付出的基础。

正所谓“晴天留人情，雨天好借伞”，人情是一种良性的循环的人力资源，生活中，我们在与人交往的时候，要学会让自己为人所用，因为主动付出是拓展人脉的开始。这既能显示你的价值，也是在储蓄人情，人情储蓄得越多，你的人生之路就越宽广，成功也就更有胜算。

看大观园中的王熙凤，虽说刻薄尖酸，做错世间万千事，却做对了一件，那就是对刘姥姥进行了情感投资，虽说是无心，但却救了巧儿。

刘姥姥一入荣国府时，不过是家中度日实在艰难，带着板儿前来要点赏钱，但自此，却与贾府结下了不解之缘。凤姐是个好体面的人，什么事情都喜欢揽在自己身上，以表明自己的精明能干，对于不相识的人前来巴结，不论心里是否瞧得上，面子上总要过得去，礼数上要好看。因此对于贾芸等附势巴结的人，虽然心下并不待见，但大面上还是做得很漂亮。刘姥姥第一次登门的时候就属于这种情况，不过是虚情招待一番，但礼数上却做得很好，刘姥姥自此心存感激。

刘姥姥二入大观园，其实凤姐儿本来并没想特别招待，毕竟是个乡下的老太太，不必自己劳神，可不料此事被贾母得知，贾母宅心仁厚，请刘姥姥前去陪同游赏宴饮，颇为投缘。因此，这一次凤姐是看在贾母的面子上招待刘姥姥。

第三次，正值贾府家败之时，凤姐儿亦染重疾，自知不久于人世。俗语云，人之将死，其言也善，又云患难见真心。此时刘姥姥已然是凤姐儿眼中唯一可托之人。所以此时的凤姐是有求于刘姥姥，感念刘姥姥的恩德。

而在狱中的凤姐见到前来探望的刘姥姥，便将巧儿全权交给刘姥姥，黄泉路上，仍感激着刘姥姥。

虽说王熙凤是无心插柳，但却结了善果。这就是感情投资带来的益处。作为现实生活中的人们，也必须懂得如何做人处事，与人打交道的过程中，要学会主动付出，只有播种，才有收获，这是亘古不变的道理。

因此，一个聪明的人，除了会打好自己的基础以外，还懂得储蓄自己的人情账户，积累自己的人情财富，他们懂得搞好关系需要付出，从而不断扩展自己的人脉关系，进而可以在一个更大的舞台上演绎人生。被称为美国杂志界的奇才埃德沃·波克，他的成功可以说就是得益于他在人际关系上的付出，但谁能想象他当初经历的困苦和磨难。

天下没有免费的午餐，你若想别人能助你一臂之力，你就必须学会付出，先为人所用，学会施恩，与人交往的过程中，就不能锱铢必较。其实，生活中，处处是资源，只要你真心地帮助别人，你就为自己添了一笔人际财富。

因此，如果你希望获得友谊，就要在平时多为朋友付出，如果你想让别人怎样对待你，你就要怎样对待别人。你若希望得到回报，你就必须先学会付出。

温梅是某日化公司的市场部经理，在她所在的城市，她几乎垄断了这一市场。

当下属问及“温经理是怎么做到”的时候，她说：“其实做法很简单，那就是对这些公司的重要人物经常施以小恩小惠，然而，我要巴结的不仅仅是这些高层董事，对于那些地位稍低的底层干部甚至普通员工，我们也要维系感情。”

接下来，温梅说：“联络他们，也要有的放矢。在‘行动’前，一定要先调查清楚你所打交道的人的学历、人际关系、工作能力和业绩，作一次全面的调查和了解，认为这个人是个潜力股，日后可能有所成就时，你就要记住，不管他有多年轻，你都要尽心款待。”的确，温梅明白，这样做，虽然暂时看起来会比较亏，但这却是播种人情的很好的方法。

温梅是这么想的，也是这么做的。现在，无论哪行哪业，都有她的朋友。在这些朋友中，有谁晋升了或者加薪了，他都会第一个帮其庆祝，当对方感激时，她却说：“我们公司有现在的市场和成绩，完全是靠贵公司的抬举，因此，我向你这位优秀的职员表示谢意，也是应该的。”这样说的用意，是不想让这位朋友有太大的心理负担。其实，几乎她的所有朋友都认为她是个大好人，因此，她的生意总是源源不断！

这则案例中的温梅是个很善于维护人脉的人，她的生意之所以能在激烈的竞争中仍然兴隆就得意于她在平常经常维护人脉。的确，日久才能生情，日常生活中多关心你的朋友，才能在关键时刻得到朋友的一臂之力。

所以，我们要对它从长计议，看远一点，用情感来维系，坚守自己人情投资的立场，这样，自然就能拥有好的人情关系！

与人交际中，主动付出的含义很广，但无论如何，我们都要学会关心帮助别人。患难识知己，逆境见真情。当一个人遇到坎坷，碰到困难，遭到失败时，往往对人情世态最为敏感，最需要关怀和帮助，这时哪怕是一个笑脸，一个体贴的眼神，一句温暖的话语，都能让人感到安慰，感到振奋。当别人遇到困难，陷入困境时，你能伸出援助之手，帮助困难者，安慰失意者，可以很快赢得别人，建立起良好的人情关系。如果对别人漠不关心，麻木不仁，小心吝啬，怕招惹麻烦，交往很可能因此而终止。

总之，主动付出是拓展人脉的开始。这样，你的人际关系自然就会好起来，你的生活圈子中哪里都有你帮助过的人，你还会担心自己不能成功？

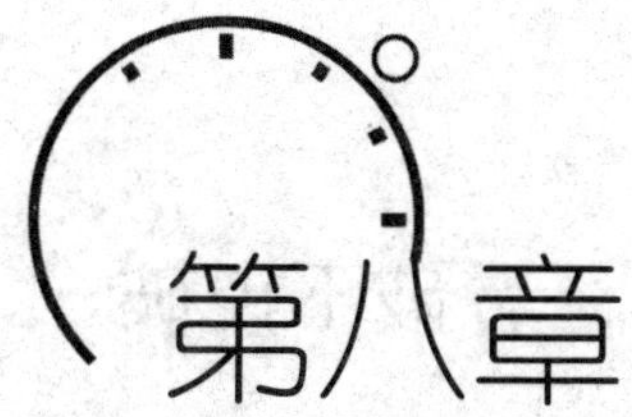

第八章

主动成长，适应人生的不公平

我们都知道，我们所生存的社会是人生的大课堂，那些在学校课堂上学不到的东西，社会都会给我们机会学习，然而，世事复杂，我们只要主动成长，适应人生的种种不公平和社会的规则，才能变不利为有利，轻松、快捷地打拼出属于你自己的成功。一个人不管多能干，多聪明，背景条件多好，如果不主动成长的话，那么他最终的结局肯定是失败的。

做人有点“心机”，看破不说破

生活中，如果有人在公共场合侃侃而谈、发表自己见解，而你却在无意识中发现对方的观点存在问题，你是如何做的？当对方向你炫耀在单位人缘如何好，领导如何器重他，而就在刚才你还听到他同事对他的抱怨，此时的你，又是如何做的？此时，如果你不顾对方颜面，指出了对方的错误，那么，下次见面时，他势必会在心里记恨你。面对这些，聪明的人往往会选择装糊涂的方式，他们会看穿不说穿，因为他们深知，人都是要面子的，给人留情面，才能赢得好人缘。

有一个5岁大的孩子，当别人同时拿出5毛钱和1块钱，让他去拿，孩子都会选择5毛钱。于是，大人们就觉得孩子傻，竟然不知道1块钱比5毛钱的面额大。

有一个外地来的人听说了这个小孩，他不相信真有这么傻的孩子。于是他找到了孩子，同样拿出5毛钱和1块钱让孩子选择，结果孩子真的选择了5毛钱。

外地人觉得不可思议，就问孩子：“难道你真的不知道1块钱比5毛钱能买更多的东西吗？”

孩子小声地说：“我当然知道了，但是如果我选择了1块钱，以后就没有人跟我玩这个游戏了。”

事实上，小孩并不傻，可以说是聪明绝顶，他之所以像个傻子一样去选择5毛钱，是因为他这样做，就会有人不断地来测试他，所以他就能不断地得到5毛钱。如果他选择了1块钱，那他得到的也仅仅是1块钱。他把自己装成傻子，傻子当得越久，他就拿得越多。这就是孩子的傻子哲学。

的确，我们发现，那些看上去愚钝的人似乎人际关系更好，交际中的他们也如鱼得水、左右逢迎，这是为什么呢？因为从心理学的角度看，人们认为，那些笨一点的人没有多少心眼，不会“算计”他人，因而人们更愿意相信他们。鉴于这一点，我们在积累人脉的过程中，要想得到他人的信任，就不能表现得太过精明，而应该装装傻，装傻是一种最高境界的交际哲学，装傻并非真傻，而是大智若愚。

相反，与人打交道的过程中，那些看似精明、认真、爱较真的人，却往往吃不开，这一点，再次帮我们验证了“难得糊涂”确实是一剂人生“良药”。那么，在人际交往中，当他人出现失误时，我们该如何做呢？很简单，要看穿不说穿、给他人面子。

很多时候，我们评价一个人够不够朋友，往往看他“会不会给我们留面子”，假如一个人能把这种种“面子”都熟稔了，都做到了，在朋友们眼里，他就算是个很会做人的人了。这样的人，往往在人际交往中如鱼得水，而那些说话、做事不经过大脑的人，常常会因为一不小心伤了朋友面子的人，自然失道寡助。

有个男人是“妻管严”，在家为了讨妻子高兴，在纸牌上写了3个大字——“怕太太”，每天回到家里就挂在脖子上。有一天，家里来了客人，他竟忘了摘下，被客人看见了，惊问怎么回事，这位老兄当时只好说：“我老婆怕我呗，我为了让她知道这一点，就让她天天看着念‘太太怕。’”

正在这时，妻子推门而入，听到了丈夫的话，这位先生窘得满脸通红，不知道如何是好，妻子赶紧说：“老公，你把咱家这点丑事都抖落出去了，我多没面子呀！”丈夫一听，松了口气，对妻子投去赞许的目光，而在场的其他人，也对男人竖起了大拇指，一个个取经，问这位先生是怎么做到的。

故事中的女人是机智的，她发现丈夫为了给自己解围，把这三个字倒过来念，这与事实情况完全是不符的，但为了给丈夫面子，她并没有拆穿丈夫，而是配合他把戏演完，面对这样明理的妻子，恐怕这个丈夫每天将

“怕太太”的纸牌挂在脖子上都是愿意的。

当然，看穿不说穿、给他人面子，不是让我们委曲求全，而是在恰当的时间，适当的场合，给他人体面的自尊。所以，聪明的你不妨偶尔装装糊涂，不要总是试图表现自己的精明，因此，即使你发现了对方言行中的某些问题，不但不能指出来，还要不露声色地认同他。

比如，如果对方陷入了交际中的窘境，那么，此时，你千万不要落井下石、取笑他。在这种情形下，你应该为他打圆场——换一个角度或找一个借口，以合情合理的解释来证明对方有悖常理的举动在此情此景中是正当的、无可厚非的和合理的，这样一来，对方的尴尬解除了，正常的人际关系也能得以维系，而我们在无形中与对方的友谊也更加深厚了。

另外，当朋友之间出现意见不合、观点不一致甚至在某些问题上互不相让时，你只有偃旗息鼓，才不至于使问题恶化，此时，最巧妙的方法之一就是转移朋友的注意力。当彼此之间为了某个问题争得面红耳赤，僵持不下时，可以适时说一句“要把这个问题争得明白，比国家足球队赢球还难”；或者讲一个笑话，让双方的情绪平缓下来，在轻松的气氛中让尴尬消逝殆尽，使交际活动得以顺利进行。

总之，社交生活中，为他人留面子是维护感情的最有效方式之一，我们必须从善意的角度出发，以特定的话语去调节人际关系，帮他人维护面子，从而使我们在交际场合左右逢源。

别把你的喜怒哀乐都写在脸上

生活中，总有那么一些人，他们一天中情绪几乎没有任何波动，无论别人说什么，做什么，好像都与他们没什么特别大的关系，即使遇到一些令人愤慨的事，他们也是睁一只眼闭一只眼，而这样的人看似平庸，实际上一点也不平庸，他们对于什么都心知肚明，只是不表现出来，我们永远看不到他们的内心。这种人，实际上是善于控制自己的情绪的。而控制自己的情绪，是保护自己和隐藏实力、克敌制胜的关键。

我们深知，社交生活中，尤其是利益敌对的两方，谁先暴露自己，谁就最先偃旗息鼓而败退，要想克敌制胜，就必须让对方摸不清虚实，但很多时候，对方会采取一些扰乱你情绪的方法，比如激怒你，对此，你必须控制自己的情绪，泰山崩于前而面不改色，在无法了解你的真实意向的情况下，他们往往不会轻举妄动，此时，他们就被你“算计”了。

比如，有些机灵的女孩子，在逛街买衣服时讨价还价很有一套。她们在商店里看见自己喜欢的衣服，并不是面露喜色，而是把目光转到其他衣服上，这样，营业员就不会猜出她看上哪一件，于是，这个精明的女孩子反复试穿这些衣服。很快，这位营业员便被这个女孩子弄得筋疲力尽，不知道这个女孩子到底是否诚心想买，此时，这个女孩子才漫不经心地拿出那件自己看上的衣服，而营业员为了省事，哪怕赚不到什么利润，也会将这件衣服卖出去。也有些女孩子，大大咧咧，她们在购买衣服的时候，一旦看上哪件，就表现出一副必须得到的样子，机灵的生意人一般就在这样的人身上赚钱。

这是一个很简单的生活现象，可能我们每个人都懂，购买商品的时候人们都知道隐藏自己的喜好，但在与人交往的时候，却不懂得“人心不可测”，不懂得隐藏自己的情绪和实力，被人利用后才悔不当初。

藏好自己的情绪，就是说，年轻人，不管遇到什么事，都不要把喜怒哀乐挂在脸上，才不至于让别人抓住把柄，让人有机可乘。

小王大学毕业后，为了锻炼自己的能力、积累社会经验，他一直在做业务方面的工作。这样，逐渐地积累了一些经验，他为了更好的发展，跳槽到一家大型公司的业务部，他所做工作是协助新来的业务经理开展工作。那个业务经理也是新人，刚到公司一个多月。小王在工作中与他相处一段时间，就发现了那位经理不但在工作中存在着许多问题，而且脾气也很臭。他业务能力很差，几乎都是依靠下面的业务员拿业绩，而且心胸狭隘，也不懂得尊重人，总是带着命令的口吻与下属讲话。如果工作中不小心出了错，他也不会顾及你的颜面，当众就把你教训一顿。因此，许多业务员实在受不了，和他发生争执后就辞职走人了。

面对这样的经理，小王心里也很窝火，因为他自己也经常被训斥。但是，他并没有爆发，而是始终赔着笑脸，因为他心里很清楚，摆在他面前的只有两个选择，要么和他大吵一架，然后走人；要么忍辱负重，等待时机。聪明的他选择了后者，半年以后，公司高层也发现了业务经理的问题，通过调查，认为他不适合做业务经理，就找了个理由把他辞退了。而小王，因为一直表现不错，被公司任命为业务经理，这下子，小王如鱼得水了，很快把业务开展了起来，为公司创造了很大的经济效益，赢得了公司上上下下的尊重。又过了几年，他被提拔为主管业务的副总经理，过上了有房有车的生活。每当谈起这一切的时候，小王就不无感慨地说："我能有今天，就是因为我当初懂得忍耐，隐忍了狂妄的经理，而没有意气用事！"

在每一个人的成长过程中，难免会遇到一些坎坷与挫折，遇到一些不尽如人意的事情，在这个时候学会控制自己的情绪，要懂得"舍高取低"，懂得弯腰，以一种隐忍的沉默来面对，以一份从容的心态去面对眼前的境遇，这就是一种曲中求直的境界，是一种审时度势大智若愚的胸怀，更是一种处世的智慧。

戴尔·卡耐基说，"学会控制情绪是我们成功和快乐的要诀。"世界上没有任何东西比我们的情绪更能影响我们的生活了。如果你不管遇到什么事，都能藏好自己的情绪，然后冷静地处理，会为你减少很多不必要的麻烦。

古今中外，一些过分张扬、锋芒毕露之人，不管功劳多大，官位多高，最终多数不得善终，这是尽人皆知的历史教训。

然而，生活中，有一些人，尤其是年轻人，喜欢意气用事，性格大大咧咧，对人丝毫不设防，情绪也很容易被周围的一些小事影响，冲动易怒。其实，这样很容易得罪人，不利于人际关系的建立。古人云：“害人之心不可有，防人之心不可无”，如果你太过暴露自己，很容易被人当成射击的靶子。在众人面前，你应该把不良情绪隐藏起来，以微笑示人，不要把什么都挂在脸上，心有抱负也不要轻易告诉别人，这样有利于保护自己，也有利于储存实力。毫无城府的年轻人可能认为只有对人真诚才能交到朋友，但你要明白的是，隐藏并不等于不真诚，隐藏只是让别人了解你的一部分，而不等于欺骗，这两者的性质不一样。

因此，在这个个性张扬的年代，我们只有自信地表现自己的风貌，才能赢得良好的人际关系，但你要记住，在藏与露之间，只要懂得把握好分寸，是能在获得友谊和保护自己上达到平衡的！

话别说满，事别做绝

人生在世，无论是谁，都避免不了这两条：一为说话；二为做事。无论是说话还是做事，都必须既有条又有理。这其中的条理，即为“度”的把握，也就是人们常说的分寸问题，说话做事懂得把握分寸，懂得给自己留条退路，这是成功的可靠基础。

中国人有句极具哲理的话：“话不说满，事不做绝”，也是要求我们在说话、做事方面把握好分寸，留有余地，而往大的方面说，是一种适度原则与中庸智慧。

生活中的人们，尤其是年轻人，你需要摒弃孩童时代的那些随性而为和无知，社会是另一个课堂，在这个课堂里，一旦你学不好，就会栽跟头，甚至“伤亡惨重”，因此，不妨从现在开始，谨慎言行，说话、做事多注意分寸，给自己留条后路。

我们来看下面的寓言小故事：

有一群水牛，其中有一头强壮而温顺的公牛被尊为水牛王。

有一天，水牛王带牛群外出觅食，遇见一只顽猴挑衅，还向水牛王抛掷石块。水牛王见状不仅不怒，还制止其他牛的报复行动。树神看到后不解地问水牛王为什么这样懦弱。水牛王用一段偈语来回答："彼轻辱贱我，又当加施人；彼人当加报，尔乃得牲患。"过了一会儿，有一伙婆罗门经过这里，那只猴子又故伎重演，打了这伙婆罗门。结果，被人抓住，痛打致死。

对于无知的猴子来说，它没有给自己留退路，去招惹婆罗门，无疑是拿石头砸了自己的脚，而这更应验了水牛王的话，"彼轻辱贱我，又当加施人；彼人当加报，尔乃得牲患。"而从水牛王的角度看，水牛王的做法是对的，这样避免了一场与猴子之间的争斗。

从这个寓言小故事中，我们应该明白：为人不可太狂妄，更不能欺人太甚，以强凌弱，给别人留后路也就是给自己留退路，有时受欺者貌似软弱，实际上是胸怀宽广，不与其计较。当你受欺之后，不必愤恨不已，或冲动地做出让自己后悔的憾事。我们再来看另外一个民间故事：

在明朝时期，尤老翁在苏州城里开了一个典当铺，这位尤老翁平时最懂得忍耐，因此，无论是街坊邻居，还是外来客人，都喜欢跟他打交道。

有一年快到年关的时候，尤老翁正在屋里盘账，忽然听到外面有吵闹的声音，于是就匆忙地跑了出去。到了柜台，他看见穷邻居赵老头正在与自己的伙计吵架。尤老翁明白，这个赵老头是一个蛮不讲理的人，他没去问个究竟，就先将伙计们训斥了一通，然后好言向赵老头赔不是。然而，赵老头表情依然像刚才一样，丝毫不给尤老翁面子，还是板着脸孔，站在柜台前不说一句话。

这时，心中委屈的伙计悄悄对老板说："老爷，他前些日子当了一些衣服，现在他不还当衣服的钱，却硬是要将衣服拿回去。我要向他解释，他竟然破口大骂，我真的不知道该怎么办才好。"尤老翁也知道不是自己伙计的过错，他先吩咐伙计去照料其他的生意，由他亲自来应付这个蛮不讲理的赵老头。忽然，他头脑中想到了办法，快速走到赵老头的旁边，语气恳切地说：“老人家，不要再对刚才的事情耿耿于怀了，不要跟我的伙计一般见识，你就消消气吧，大家都是熟人，我不会介意这种小事的，衣服你就拿回去穿吧。”

不等赵老头回答，尤老翁就吩咐伙计将其典当的衣服拿过来。但赵老头似乎一点也不感激，拿起衣服就走。而尤老翁并不在意，而是含笑拱手将赵老头送出大门，然而就在这天夜里，那个赵老头竟然死在了另外一家典当铺里。

原来，这位赵老头负债累累，家产早已经典当一空，走投无路之下，他寻了短见。他事先服下了毒药，先来到尤老翁的当铺吵闹，想以死来敲诈钱财，没想到尤老翁一向善于忍耐，宁愿自己吃亏也不跟他计较，他觉得敲诈这样的人实在不忍心，就决定离开尤老翁的典当铺。就这样，他来到了另外一家当铺，结果毒性就发作了。后来，赵老头的亲属向官府控告这家店铺逼死了赵老头，与他打了好几年的官司。最后，那家店铺筋疲力尽，花了很多钱才将这件事摆平。

后来，人人都说尤老翁料事如神，可尤老翁说：“我并没有想到赵老头会走到这条绝路上去。我只是觉得，凡事多退一步，给人留一步，也是给自己留条退路。”

这样一个普通的民间老翁，却是一个生活的智者，他的做法为自己免了一场灾难。他的这种心态可谓是能屈能伸、方圆做人的至高境界了。然而，我们不难发现，我们生活的周围，却有一些人，他们凡事逞强好胜，在得意之时嚣张跋扈，丝毫不给失意之人机会。实际上，这是为自己断送了退路。

“人非圣贤，孰能无过。”很多时候，我们放他人一马，就是给自己创造机会。很多时候，我们都需要宽容，宽容不仅是给别人机会，更是为自己创造机会。

诚然，人们常说：“凡事要认真”，这原本没错，但是一个人一旦认真到了较真的地步，眼里丝毫不揉沙子，那就是和自己过不去，到头来终究会自讨苦吃。所以，善良的人们，在与对手交涉的过程中，你没必要把事做绝。俗话说：“兔子急了也咬人”，你把别人逼得没有丝毫退路，对方除了奋力反击还能有什么选择？

俗话说“物极必反”“满招损，谦受益，时乃天道。”水缸装满了水，再往里面添水，就会往外溢，这就是物极必反，事物发展到了极端，必然朝着相反的方向发展。而如果我们在事情的发展过程中，能人为地适度控制一下，就不至于物极必反了。

所以，做事不要走到尽头，要懂得给自己留条退路。比如，当你获得的位置非常显赫或者事业取得非常大的成功，你就不能再争强好斗了，而应该与别人分享，与别人合作，同舟共济，采取低调学习的态度，才不至于骄傲自满。再比如，在与人竞争的过程中，在奠定了自己必胜的战局时，要给别人留一条退路，同时也给自己留一条退路。凡事做得太绝，不留后路，必会急火攻心，一败涂地。说话、做事讲求弹性、把事做得更加灵活、进退得宜，无论在社交还是求取成功的过程中，你都会如虎添翼！

“吃亏”是福，但别“被动吃亏”

古语云：“天时不如地利，地利不如人和”。明·冯梦龙《醒世恒言》第二十一卷也有：“可惜你满腹文章，看不出人情世故。”人的因素任何时候都是成功的必要条件。一个能成大事的人，他自身的能力是一个因素，而关键在于他是否借助别人的强大力量。然而，要想交到好的朋友，我们就必须舍得付出，愿意吃亏，因为任何情感都经不起斤斤计较，会吃亏才能得人情。

俗话说："好汉不吃眼前亏。"但有时忍受点小亏反而会获得大的利益。在实际生活中，那些凡事不能忍受吃亏的人，结果却往往吃尽了苦头。的确，人活于世，太过注重私利，就不会交到什么朋友，这个世界上没有人喜欢爱占便宜的人，但没有人不喜欢爱吃亏的人。我们从小也在接受"吃亏是福"的教育，然而，现代社会，却有很多人不明白这个道理。

当然，吃亏并不是要"被动吃亏"，对于那些把我们当成软柿子来利用的人，我们必须学会拒绝，否则，这样的吃亏只能是吃力不讨好。

阿伟今年9月份刚参加工作，他自己也明白人情世故的重要性，可是似乎他认为自己总是只有付出，没有回报，因为他刚来这个公司，也不涉及结婚生子和学业的问题，不必长期地为别人挣钱，索性他和所有人断了人情。就在这个月，他已收到三份"红色炸弹"，除此之外，一到假期，他还要经受一番"人情轰炸"。可是，他始终能坚守自己的"阵地"不动摇，国庆期间，阿伟接到一个陌生电话，对方很热情地称呼他为老班长，并邀请他参加婚礼。阿伟有些纳闷，一时想不起是谁，经对方提示才勉强回忆起，原来是三年前的系统任职培训班的学员，这几年很少联系。虽说那个人很热情，可是阿伟没去，他觉得这对自己没好处，何必吃那个亏呢。从此，阿伟被整个公司的同事孤立了，什么好事大家也不会想到他。

其实，人家能主动邀请你，说明重视彼此的关系，这也是一个投资人情的好机会，虽说这些投资都是很"远"的，甚至你觉得自己吃了亏，但说明你的人情账户是净收入，他日你需要的时候，自然别人就会为你伸出援助之手，人情关系是生活的潜规则，遵守这个潜规则，吃点小亏，就可能收获很多。

的确，我们发现，在为人处世的过程中，必定有一方会吃点亏，我们不要害怕吃亏，会吃亏才能得人情，当你吃亏的时候，第一，你在心理上赢得了比别人优越的债权感，一个人的社会地位是别人对他负有的社会债务感的总和。第二，这是一种以退为进的处事方式，你的吃亏表明你是个豁达之人，这样，自然能赢得别人的信任和赞同，好人缘由此开始。

在中国，有句老话叫“无商不奸”。这句换的含义是：商人都是狡诈的，略有贬义。从这句话里，我们能看到自古以来人们对商人的评价——“商人都是唯利是图的”。因此，很多时候，人们对商人都心存芥蒂。而反过来，从商的我们，如果愿意放弃一些利润空间，舍得亏本经营，那么，你不仅能收获人们的信任，还能收获大利润。

清末民初时期，在北京城有一个著名的绸缎店。有一天，突然的一场大火将所有的东西都烧掉了，其中还包括来往的账本。大火之后，这个绸缎店的老板贴出了一张告示：因本店的账本已经被烧毁，凡是欠我钱的可以不还，我欠别人的，只要有凭据，照样兑现。

街坊邻居看到了这样的告示，都觉得绸缎店吃了大亏，怎么能忍耐这样的事情呢？可没想到，这个绸缎店却因此事而名声大震，许多人都慕名而来，其中还包括了许多外国人。顿时，这个被大火烧过的绸缎店又恢复了生机，生意比以前还要好。

本来，绸缎店已经被烧毁，店老板已经遭遇了失败的打击，但懂得如何以忍耐换取人心。于是，在账本被烧掉的情况下，店老本依然愿意忍耐自己吃亏，而不愿意顾客吃亏。没想到，这样的忍耐竟然换回了顾客的信任，而店里的生意也日渐红火。

的确，一个人只有学会吃亏，为人慷慨大方，才能获得大家的支持，然而，任何事情都需要讲究一个“度”字。我们发现，有这样一些人，他们是大家眼中的老好人，他们总是充当着照顾别人的角色，什么亏都肯吃，他们永远只会听到这样的话语“某某，给我拿份文件”“某某，给我倒杯茶”等，长此以往，他们的工作和生活都充满着一种被动的状态，你只能等待着被要求去做什么，而他们自己是难以决定自己想做什么的。对于这种亏，我们一定要懂得拒绝，否则，你只会被大家当成“软柿子”来利用。

在一家大型的广告公司里，有一个勤快的姑娘，大家都叫她小王，小王头脑聪明，热情助人，刚刚进入公司的时候，她就下定决心要从最基层做起，要成为所有人的好朋友。所以，公司里的事情，属于自己分内的，她会努力做好，不属于自己分内的，只要有人喊自己帮忙，她也会努力做好，慢慢地，她在同事之间赢得了一个“热心肠”的绰号。

小王感到十分满意，但是过了一段时间以后，她才发现：有些事情，同事原本是自己可以做的，但他们总是让自己去帮忙，有些人的态度很随意，似乎吩咐小王是一件理所当然的事情，帮忙之后，连“谢谢”都懒得说，似乎让小王帮忙是给了自己很大的面子。甚至有的人，还将自己手头的工作交给小王去做，而自己竟然去做私活。

小王虽然心里不高兴，但又不好意思拒绝，更关键的是不懂得拒绝，结果被那些事情弄得乱七八糟，整天忙得脚不沾地，工作非常被动，导致自己的工作还经常出现小错误。小王感到很烦恼：自己热心帮助同事有错吗？为什么会让自己变得这样被动呢？

案例中，小王热心帮助同事并没有错，错在于她来者不拒，不懂说“不”。工作中，当朋友遇到了不能解决的问题，你出手帮助是应该的，但帮助同事也应该有个度，否则，无度地吃亏会让你陷入非常被动的状态。

因此，从这一点看，我们任何一个人都必须明白，愿意吃亏是好事，但别被动吃亏，否则，势必给自己带来更大的困扰，同时也会让自己处于被动的境地。

学会舍得，舍弃其实也是得到

我们都知道，得与失是一个对立面，人们都希望得到而害怕失去，这是人们常有的心态。然而，“人生充满得失。”世事难料，因为任何事情都有一个变化发展的过程，此刻你不如意并不代表你一生不幸，此时你满面春风并不代表你一生顺利。因此，我们应该学会舍得，舍得，并不意味着失去，因为你舍弃的时候，其实也是你得到的时候，如果你想在某个领域取得成就，你就必须舍去一些玩乐的时间；如果你想拥抱大自然，就必须舍去舒服的办公椅；如果你想获得一份真诚的爱，你就必须舍去自私。我们先来看看下面的小故事：

大概每天的傍晚时间，纽约市的中心公园里，总会飞驰过一辆豪华轿车。当然，车里坐的不仅仅是司机，还有一位纽约市无人不晓的富翁。富翁是个细心的人，他注意到，在这座公园的角落里，有个乞丐，他的眼神从来没有离开过自己住的豪华酒店。

这天，富翁闲来无事，想到了这个乞丐，他便下了车，来到这个乞丐面前。

“请问，你为什么每天都会盯着我住的酒店看呢？”富翁很有礼貌地问。

“先生，我在想，要是我能住进这样的酒店该有多好。”

富翁对他的梦想很感兴趣，然后，他说：“今晚你一定能如愿以偿。我将为你在旅馆租一间最好的房间，并付一个月房费。”

过了几天，富翁准备敲这个乞丐所住房间的门，想看看乞丐住得是否满意。但谁知道，乞丐已经离开了，他朝窗外看了看，乞丐已经回到了公园的长椅上。

富翁径直走到公园，想问问乞丐为什么这么做，乞丐的回答是这样的：“原先我睡在公园长椅上时，我夜里做梦，会梦见自己住在豪华酒店里，这样的梦太美了。而真当我住进豪华酒店里时，我的梦却反了，我梦到的是自己睡在公园长椅上，忍受着寒冷的侵袭。这太可怕了，我根本睡不好。”

是啊，贫穷与富裕的生活，都有它的得失，每一种生活都有它的得与失，正如俗话所说：“醒着有得有失，睡下有失有得。”所以，我们不但应该正视人生的得失，还应该看清楚舍与得之间的关系，人们常说：“有舍就有得”，舍去的，就不要过分执着，也许，下一刻，将会有另外一份惊喜等着你。

另外，在我们的生活中，不少人也将“舍得”的智慧运用到了商业、人际之中，因为他们深知“舍不得孩子套不着狼”的道理。的确，天下没有免费的午餐，我们若希望获得某种重要的东西，要么通过自己的努力得到，要么就用现在所拥有的去交换，关于后者，就需要我们做到舍得。因为鱼与熊掌不可兼得，而智慧的人多半会权衡利弊得失，最终作出正确的选择。

的确，俗话说：“先做朋友后做生意”，为了做成大生意，我们有必要在做生意前先为对方付出，甚至应当舍弃一些利益。比如，你可以在你的客户生日那天，不但应送上祝福，还应通过赠送一些小礼物来表达我们真诚的谢意和良好的祝愿，从而进一步增近与客户间的感情，建立更加亲密的关系。

有“舍”就会有“得”，然而，却忽视了“舍得”的真正要义，舍并不是轻易地放弃，而是在前方已经无路可走的情况下果断地回头，这是一种做人做事的智慧。

的确，真正的强者，该舍弃的时候会放下。只有舍弃了，才会有新的开始，才会有更多获得成功的机会，有些无谓的坚持是没有任何意义的，但这并不是说我们要随意丢弃。

总之，我们应该理解舍得的真正含义，为人做事，要择善而行、尽自己最大的努力，在无路可走的情况下，要学会悬崖勒马，果断舍弃，才能找到新的出口，才能收获满满的人生！

难得糊涂，做人做事切勿太精明

在中国儒家的处事之道中，大智若愚被推崇为高明的交际应酬智慧，在当今社会，会装傻的人往往左右逢迎，交际中如鱼得水，装傻是一种最高境界的交际哲学，装傻并非真傻，而是大智若愚。做人切忌恃才自傲，不知饶人。锋芒太露易遭嫉恨，更容易树敌，“枪打出头鸟”，功高震主不知给多少下属巨子招致杀身之祸，假痴者可以迷惑对方，掩盖自己的真实才能，做个会装傻的明白人，才是上乘的交际之策。

与人打交道的过程中，那些做事太过认真，爱较真，或者说死心眼的人，总是吃不开。这就再次证明，“难得糊涂”，确实是一剂人生“良药”。小则使自己免受伤害，大则能助自己飞黄腾达。因此，“难得糊涂”就不只挂在墙上、摆在案头了，它已经深入到许多成功者或希望成功者的心头，真的成了人生的信条。

与人交际的过程中，我们要懂得适时“装傻”的技巧，不露自己的高明，更不能纠正对方的错误。装傻可以为人遮羞，自找台阶；可以故作不知达成幽默，反唇相讥，让别人放下心中的警惕和芥蒂，成功地攻破人心。

苏联卫国战争初期，德军长驱直入。这是一个关乎整个民族生死存亡的时刻，因此，即便那些曾经驰骋沙场的老将们也带头站出来要保卫祖国。其中就包括铁木辛哥。当然，他们的年纪的确让他们感到力不从心，在这种情况下，一批年轻的军事家脱颖而出。

江山代有才人出，老将们不得不承认未来的天下是年轻人的，当然，他们在思想上肯定也是有波动的。

1964年2月，苏联老元帅铁木辛哥受命去波罗的海，他的任务是协调一、二方面军的行动，青年将领什捷缅科被任命为他的参谋长。其实，什捷缅科心里明白，这位老元帅对总参部的年轻人的能力是持怀疑态度的，但对于上级的命令只好服从。

他们一起上了通往波罗的海的火车。晚饭时候，一场不愉快的谈话便开始了。铁木辛哥先发出一通连珠炮：“上级为什么派你做我的参谋长，难道是来监督我们的？别做梦了。当年我们领军打仗的时候，你们还是一群只会在桌子底下爬的孩子，我们为你们建立起了苏维埃政府，而如今，你们从军事学校毕业了，就觉得很了不起了吗？革命开始的时候，你才几岁？”这通训斥，简直一点情分都没有留。但什捷缅科却老实地回答：“那时候，我刚满十岁。”接着，他又心平气和地与老元帅交谈了会儿，并表示自己很愿意向他学习，最后，铁木辛哥说：“算了，外交家，睡觉吧。时间会证明谁是什么样的人。”

就这样，他们一起并肩战斗了一个月。又一次，他们在一起喝茶，铁木辛哥突然说：“现在我明白了，我误会了你，你不是我想的那种人，我还以为你是斯大林专门派来监督我的……”后来什捷缅科被召回，心里很舍不得和铁木辛哥分离。又过了一个月，铁木辛哥亲自向大本营提出要求，调这个晚辈来与自己共事。

长江后浪推前浪，这是理所当然的事，但作为老将的铁幕辛心中自然不好受，这也是情理之中的事，面对铁木辛的发难，什捷缅科在受辱之时装憨相，过了铁元帅关，体现了后生的谦卑及对老人的尊重，是大智若愚的表现。懂得装假者绝非傻子，憨厚有时是最高智慧者才能为之。许多时候，要想受到别人的敬重，就必须掩藏你的聪明。

当然，除了大智若愚以外，我们还可以睁一只眼闭一只眼，揣着明白装糊涂，这是一种大智慧。在交际活动中，语言的功效固然不容置疑，但是很多时候单凭言语难以说服对方，采用交际情境表义，睁一只眼闭一只眼，采用一些“虚张声势”的小计谋，常可产生言语不能达到的效应，乍一看，这是聪明人的装傻哲学。

看《三国演义》，我们不难发现，刘备死后，诸葛亮好像没有大的作为了，这是诸葛亮韬光养晦、免于人言的为人之道。

刘备死后，阿斗继位。

在刘备手下，诸葛亮是完全不必担心受猜忌的，因为刘备是一位明君，因此，他可以尽情地发挥自己的才华，并且，刘备也必须仰仗他的才华。但阿斗并不是刘备，刘备深知这一点。在刘备死之前，刘备曾把阿斗托付给诸葛亮，他当着群臣的面说：“阿斗如果能扶助，你就扶助，如果他不是当君主的材料，你就自立为君算了。”

诸葛亮顿时冒了虚汗，手足无措，哭着跪拜于地说：“臣怎么能不竭尽全力，尽忠贞之节，一直到死而不松懈呢？”说完，叩头流血。

刘备再仁义，也不至于把国家让给诸葛亮，他说让诸葛亮为君，怎么知道没有杀他的心思呢？因此，诸葛亮一方面行事谨慎，鞠躬尽瘁，另一方面则常年征战在外，以防授人“挟天尹”的把柄。而且他锋芒大有收敛，故意显示自己老而无用，以免祸及自身。

这是韬晦之计，收敛锋芒是诸葛亮的大聪明，不然就有功高盖主之嫌，还会遭人猜忌，这也是一种明智的装傻哲学。交际应酬中，你不露锋芒，可能得不到他人的关注和重视；但你锋芒太露又易招人陷害。虽容易取得暂时成功，在众人面前露了脸，却为自己掘好了坟墓。当你过分施展自己的才华时，也就埋下了危机的种子，很容易被人当成“活靶子”。

所以，当今社会，与人打交道中，我们显露才华要适可而止，适当地装装傻。当然，装傻也需要很好的演技，如果掌握得不是恰到好处，反而会弄巧成拙，这就考验到我们见机行事的能力！聪明的人会故意装傻，交际中给自己留有余地，运筹帷幄周围的人和事！

可见，会装傻的人才是真聪明，才是大智慧的表现，我们在与人交际应酬的过程中，切忌锋芒毕露，要学会圆滑处事，要学会半开半合，微醉微醒，做个装傻的明白人！

远离和防范那些行事诡诈的人

现代社会，人际间的竞争越来越激烈，在这样的大环境下，并不是每个人都愿意采取公平竞争的方式方法。生活中，有些人在与人交往的时候，心怀鬼胎、作风不正、行事诡诈，冷不防就会对那些有损于他们利益的人要点手段，让人防不胜防，对于这样的人，我们做不到处处提防，但可以退避三舍。尤其是人生阅历浅薄年轻人，无论在工作还是生活中，你可以保证自己做人做事光明磊落，但不能保证别人也是如此，对于那些行事诡诈之人，只有远离他们，才能让自己有效地减少危险。

可能很多职场新手都会遇到这样的问题：那些前辈们一个个都对自己礼貌有加，为了能加深与前辈们的关系，你会主动将自己的一些小秘密与他们分享，你原以为自己已经在职场交到真正的朋友，可是，似乎升职、加薪都与你无缘，你满以为自己努力不够或者是运气不好，于是，即使你心存疑虑，但还是一直努力地工作着……但事实上，你根本没想到，是那些你所谓的“朋友”和“前辈”在背后绊了你一脚。大多数在职场栽跟头的人都是因为没有避开这些“小人”的暗算。

对于这样的“小人”，我们该怎么对付呢？我们先来看看小杨是怎么做的：

小周和小杨是很好的朋友。无论是生活中，还是工作上，小周都对小杨照顾有加，但知人知面不知心，最终出卖小杨的就是小周。

“小周太过分了！”刚被领导训了一顿的小杨气呼呼地发牢骚，“我的案子怎么就成了他的了？我还成了剽窃者？这月奖金又泡汤了！”小杨的话立刻引起办公室里其他同事的共鸣。小周做事确实不够磊落，他总是喜欢剽窃办公室其他同事的心血。而平时，他总是对大家和颜悦色，不是帮大家买午饭，就是冲咖啡。表面上看，他是个很随和的人，但却另有一套。

关于这次事件，小杨是这样陈述的：

“昨天，我很满意地完成了一个策划交给经理。谁知今天他找到我：‘小杨，我本来很看重你的才华和敬业精神，没有新点子也没什么，但你不该抄袭其他同事的创意。’经理看我一脸惊讶，递给我一份策划书。天哪，竟然和我那份惊人相似，而策划人竟是小周。面对经理的不满和我好朋友的‘心血’，我哑口无言，因为我没有任何证据证明我的清白。”在大家的帮助下，小杨决定找个机会澄清事实。

机会终于来了，小杨接了一个很重要的案子，他比平时更忙碌，他从自己的新点子里筛出了两个方案，做出A、B两份策划书，明里小周还是经常主动来帮他做A策划书，但暗地里小杨已把B策划书做好交给了经理，并请经理配合他先不要说出去。果然，不久小周交上一份和A书颇为相似的策划，明白真相后的经理非常恼火，便请小周另谋高就了。

这里，小杨是聪明的，他并没有直接和小周挑明，团结同事，发挥才智，让他当场现形，遏制住他的势头。如果碍于情面或讲君子风范，吃亏的只能是自己。

小杨更是幸运的，而现实生活中，对于小人，我们多半都是斗不过的，“小人”就是“小人”，不管他身居何职，出的点子、办的事情都是“小家子”之气，他们行事诡诈，总是想着整人害人，否则就枉费了“小人”之名，这就叫：本性难改。对待这类人物只有一个办法：不予理睬、退避三舍。这类“伪君子”每个群体里皆会有，但似乎职场更为多见。

阴险的人没有明显的标志，一般情况下，短时间内不容易辨别，但随着时间的推移，终究会露出蛛丝马迹。阴险之人的表现大体有以下几个特点：

喜欢造谣生事。他们把造谣生事当成家常便饭一样，乐此不疲。为了达到自己的目的，不惜诽谤别人，诋毁别人的名誉。

喜欢挑拨离间。他们为了达到谋取个人利益的目的，通常会使用离间法挑拨朋友之间的感情，为的是从中坐收渔利。

擅长拍马奉承。这种人嘴甜如蜜，善于恭维别人、拍马屁、无中生有、说别人的坏话。

具有势利眼。他们对有权有势的人关怀备至，一旦有一天他们发现自己所依附的靠山，调离此处或出现问题轰然倒塌，他们就会落井下石，迅速抛弃对方，另寻高枝。

人们说，“防人之心不可无”，这种人才是你最应当引起注意的。而且这种人，不与他一起长时间工作，是不可能发现他们的阴毒的。这样，在你刚与之接触时，他们无比热忱自动，并会踊跃地为你解决一些小艰苦，而且为你想得很周密，也表示出真是为了辅助你的样子，主观上也能达到使你好的后果。但是，这里有个条件，你不能侵占他们的好处，好比升级、加薪等。否则的话，他们会立刻拉下脸来，与你拼个鱼死网破。

总之，与这样的人交往，要有防范之心。他们一般都攻于心计，和别人交往时，他们往往把自己真实的一面隐藏起来。交往中遇到这样的人，切记不要让他们完全掌握你的秘密和底细，更不要为他们所利用，或一不小心陷入他们的圈套之中。

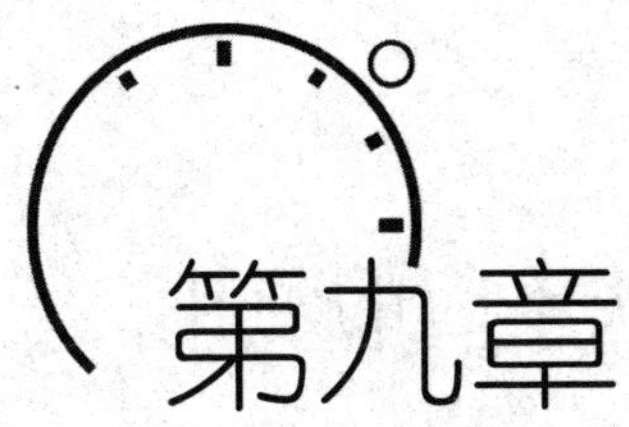

第九章

愿意吃苦，别在最能吃苦的年纪选择安逸

古人云：“生于忧患，死于安乐。”人要“艰难困苦，玉汝于成。”“苦其心志，劳其筋骨，饿其体肤，空乏其身。”这些名言是有道理的，磨炼意志才能在逆境挽回，努力向前。任何人要想成功，就必须要吃苦，经过逆境中的磨炼。现代社会，丰裕的物质生活让一些人“不食人间烟火”，更不用说经历逆境的考验了。而正是因为这样，他们在真正遇到困难时，便少了一分毅力，少了一分坚强。因此，我们每个人都必须学会吃苦，在最能吃苦的年纪习得一身本事，才能充实自我，为获得成功打好基础。

学会吃苦，不做“扶不起的阿斗”

古话说：“艰难困苦，玉汝于成。”任何人，要想成才、成功，不回避“艰难困苦”，方能“玉汝于成”。所以，在日常生活中，我们要学会吃苦，在必要的“穷”和“苦”中得到锤炼，懂得以艰苦奋斗为荣，以骄奢淫逸为耻，方才体会到靠自己的努力争取得来的快乐，也才懂得珍惜。

我们知道，历史上有名的“扶不起的阿斗”，其实，他的昏庸无能很大一部分就是因为缺乏锻炼的机会，留下了“乐不思蜀”的笑柄。

刘备去世后，他的儿子刘禅顺利登基，成为新一代蜀国皇帝。刘禅有个小名叫阿斗，他是个昏晕无能的人。刘备死前，曾经将刘禅交给诸葛亮辅佐，因此，一段时间以内，蜀国还是没有什么问题，但诸葛亮等一些贤人死后，刘禅很快就被魏国俘虏了。

蜀汉被灭之后的一段时间内，刘禅都留在成都，后来，魏国司马昭觉得不妥，便把他转移到了洛阳。

刘禅到了洛阳，便被司马昭封为安乐公，并且，与他通行的蜀汉大臣也被封了侯，司马昭这样做，无非是为了笼络人心，稳住对蜀汉地区的统治。但是在刘禅看来，却是很大的恩典了。

有一次，司马昭大摆酒宴，便邀请了刘禅以及以前蜀汉的旧臣，席间，司马昭叫来了一些歌女出演蜀国歌舞，众大臣纷纷有所感触，想起了自己的王国痛苦，有的还流下泪来，唯独刘禅，好像在自己的行宫一样毫不动容。

这一切，都被司马昭看在眼里，宴会后，他对贾充说：“蜀国出现刘禅这样无能的君主实在可笑，没心没肺到这步田地！想必，即使诸葛亮再世，也无力维持蜀汉的政权了。”

过了几天，司马昭再接见刘禅的时候，问刘禅："您还想念蜀地吗？"

刘禅乐呵呵地回答说："这儿挺快活，我不想念蜀地。"

刘禅懦弱无能的弱点其实和诸葛亮有很大的关系，刘备在世时，诸葛亮便掌有一切大权，丝毫没有给刘禅任何锻炼的机会，刘备死时，阿斗17岁，正是长见识增才智的时候，而诸葛亮却包揽一切，阿斗仍然是"温室中的花朵"，诸葛亮一死，阿斗便六神无主了。

其实，之所以强调不能丢下吃苦的这一品德，是为了对年轻人意志品质的磨砺、锻炼、培养，我们发现，那些功成名就的伟大人士，无不饱经了生活的苦难和精神的洗礼从而获得了意志和能力上的一种升华，而恰恰相反，那些衣食无忧、受人百般呵护的人或多或少都有些性格、品行甚至价值观上的缺陷，蜜罐里长大的人弱点多。

的确，现实生活中，一些年轻人不愿吃苦，是和他们的生活环境与家庭教育有关系的，因此，从年轻人自己的角度看，要想从吃苦耐劳的过程中有所收获，就应该将吃苦融入日常生活中，无论在生活中工作上还是学习上，多吃点苦，凡事靠自己，会对你有所帮助的。

香港特别行政区原首席行政长官董建华是世界船王董浩云的儿子。在香港，董浩云是首屈一指的大富豪，但在子女的教育上，他却一直很严格，从不娇惯孩子。

正因为父亲严格的教育，董建华从小就很节俭，读书期间，他每天都会乘坐公交车往返于家和学校之间，从不因为自己是富豪的儿子而觉得高人一等。

毕业以后，所有人都以为他会接手父亲的生意，但大家没想到，他接受父亲的安排，进入了美国通用汽车做了一个普通的职员。

父亲告诉董建华："小华，我不怀疑你是个有理想的人，但我担心你的刻苦精神不够，你必须主动去找苦吃，磨炼自己的意志，接受生活对你的种种挑战，并战胜它。"

董建华听从了父亲的话，在通用的四年，他认认真真、勤勤恳恳，不仅学会了先进的管理经验，还学会了怎么与人打交道，也培养了吃苦耐劳的精神，为今后的事业打下了坚实的基础。

的确，现实生活中，一些人不愿吃苦，是和他们的生活环境与家庭教育有关系的，因此，从我们自己的角度看，要想从吃苦耐劳的过程中有所收获，就应该将吃苦融入日常生活中。

石油大王洛克菲勒曾说："人要有远见，只有长时间的吃苦，才有长时间的收获。"诚然，没有人愿意吃苦，但"吃苦所得到的，是将你的事业大厦建立在坚实的地面上，而不是流沙里。"也就是说，一个人只有经历吃苦，具备了实际的行动能力，才能真正经受住追求目标路上遇到的艰难困苦，才能真正获得成功。生活中的人们，也许你毕业于名牌大学，或许你含着金钥匙出生，但如果你想最终做出一番成就，就必须抛却那些光环，并将所学知识运用到实践中。

洛克菲勒还曾说："实行能力从哪里来呢？在我看来它就潜藏在吃苦之中。我的经验告诉我，吃点苦、经历一些艰辛和失败，不仅会铸就我们坚强的性格，我们赖以成就大事的实行能力亦将应运而生。经历过苦难的人，有努力改变现状的决心，知道如何在困境中寻找解决的方法，让自己有所成就。处心积虑地去吃苦，是我笃信的成功信条之一。

也许你会认为我很可笑，怎么会有人想吃苦，但其实，没有吃过苦的人才更不幸，很多事情都是来得快去得也快，那些过早成功、一夜暴富的人，不是有很多最后都销声匿迹了吗？人只要有远见，乐于吃苦，最终会有所收获。"

从洛克菲勒的话中，我们不难看出，他就是个有远见的人，他能看到吃苦带来的意义。

当然，你并不需要在生活中刻意让自己受苦，吃苦是一种心理承受力。人在艰苦的环境中，战胜的不是环境，而是自己。"逼"自己去吃苦，忍耐力就会降到最低点，不仅不能磨炼自己的意志，还会产生受挫意识。

想成功，就别对自己心慈手软

我们都知道，没有人能随随便便成功，自古以来的许多卓有成就的人，大多是抱着不屈不挠的精神，忍耐枯燥与痛苦之后，从逆境中奋斗挣扎过来的。在哈佛有一句名言：“请享受无法回避的痛苦，比别人更早更勤奋地努力，才能尝到成功的滋味。”在人生的道路上，我们若想有所收获，就必须学会吃苦，学会苦中作乐。所以，要想成功，就必须对自己狠点儿。如果我们想改变自己的行为，就必须把我们的旧行为和痛苦连在一起，而把所希望的新行为和快乐连在一起，否则任何改变都不会持久。比如，在挫折面前，人们有着不同的理解，有人说挫折是人生道路上的绊脚石，有人却说挫折是垫脚石，之所以人们有如此不同的态度，就是他们的自控力不同，所谓“百糖尝尽方谈甜，百盐尝尽才懂咸”。与河流一样，人生也需要经历洗练才会更美丽，经过了枯燥与痛苦之后，才能收获成功的果实。

我们先来看下面一个故事：

许多年前，一位颇有分量的女性到美国罗纳州的一个学院给学生发表讲话。虽然，这个学院规模并不是很大，但这位女性的到来，使得本来不大的礼堂挤满了兴高采烈的学生，学生们都为有机会聆听这位大人物的演讲而兴奋不已。

经过州长的简单介绍，演讲者走到麦克风前，眼光对着下面的学生们，向左右扫视了一遍，然后开口说：“我的生母是聋子，我不知道自己的父亲是谁，也不知道她是否还活在人间，我这辈子所做到的第一份工作是到棉花田里做事。”

台下的学生们都呆住了，那位看上去很慈善的女人继续说：“如果情况不尽如人意，我们总可以想办法加以改变。一个人若想改变眼前不幸

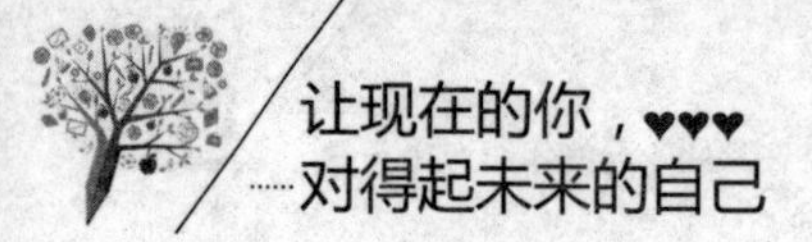

或不尽如人意的情况，只需要回答这样一个简单的问题。”接着，她以坚定的语气说：“那就是我希望情况变成什么样，然后全身心投入，朝理想日标前进即可。”说完，她的脸上绽放出美丽的笑容：“我的名字叫阿济·泰勒摩尔顿，今天我以唯一一位美国女财政部长的身份站在这里。”顿时，整个礼堂爆发出热烈的掌声。

阿济·泰勒摩尔顿是一位女性，一位生母是聋子、不知道亲生父亲是谁的女性，一位没有任何依靠饱受生活磨难的女性，而恰恰是这位表面柔弱的女性，竟成了美国唯一一位女财政部长。说到自己的成功，她却只是轻描淡写地说：“我希望情况变成什么样，然后就全身心投入，朝理想目标前进即可。”这句看似平淡的话语中，却告诉我们一个道理：任何人，在人生的道路上，只有看到前方光明的道路，看到成功后的喜悦，才能忍耐当下的痛苦与枯燥。

事实上，人在绝境或没有退路的时候，最容易产生爆发力，展示出非凡的潜能。任何一个成功者都具有非凡的毅力，如果你想在最恶劣、最不利的情况下取胜，最好把所有可能退却的道路切断，有意识地把自己逼入绝境，只有这样才能保持必胜的决心，用强烈的刺激唤起那敢于超越一切的潜能。

有一个乡下人在山里打柴时，拾到一只很小的样子怪怪的鸟，他就把这只怪鸟带回家给儿子玩耍。后来人们发现那只怪鸟竟是一只鹰。时间久了，村里的人们对于这种鹰鸡同处的状况越来越害怕，人们一致强烈要求：要么杀了那只鹰，要么将它放生。这一家人自然舍不得杀它，他们决定将鹰放生，让它回归大自然。然而他们用了许多办法都无法奏效。后来村里的一位老人说：把鹰交给我吧，我会让它重返蓝天，永远不再回来。老人将鹰带到附近一个悬崖峭壁旁，然后将鹰狠狠向悬崖下的深涧扔去，如扔一块石头一样。那只鹰开始也如石头般向下坠去，然而快到涧底时它终于展开双翅托住了身体，开始缓缓滑翔，然后轻轻拍了拍翅膀，飞向蔚蓝的天空，它越飞越自由舒展，越飞动作越漂亮，这才叫真正的翱翔，蓝天才是它真正的家园啊！

记得一篇文章中有这样一段话：当面对一堵很难攀越的高墙时，不妨把你的帽子扔过去，然后你就不得不想尽一切办法翻过高墙到那下边去了。“把自己的帽子扔过墙去”，这就意味着你别无选择，为了找回自己的帽子，你必须翻过这堵围墙，毫无退路可言，这就是给自己施加压力，让自己永远不要有退缩的念头，去战胜困难，争取成功。

曾国藩说：“吾平生长进，全在受挫受辱之时，打掉门牙之时多矣，无一不和血一块吞下。”如果经不起挫折，忍受不了挫折带来的痛苦与失败，我们就将沉埋在毫无希望的生活里，永远没有前进的方向。凡是能够成大事者，他们必须耐得住痛苦，忍受得了失败的打击，因为成功需要风风雨雨的洗礼，而一个有追求、有抱负的人，他总是视挫折为动力。他们为什么能做到视挫折如动力？因为他们拥有着惊人的调节力，他们能看到“风雨”之后的“彩虹”，那么，他们又何惧“风雨”呢？

那么，当我们处于痛苦之中时，该如何来进行自我调节？你可以尝试着这样做：现在，你诚恳地问自己，在过去的五年，你在人生的各个层面因为旧习惯付出了哪些代价？如果用金钱衡量会是多少？给你心爱的人带来了哪些损害？而接下来的一年、两年或者更多的时间，如果你仍然没有作出任何改变，那么，你会因此会付出哪些代价？如果用金钱衡量会是多少？会给你心爱的人带来哪些损害？请详细描述你看起来会怎么样？有什么感觉？如果你能作出一个明智的比较，相信你就能找到前进的动力了。

咬咬牙，再大的难关也会过去

谁都希望人生路上一帆风顺，都希望获得命运的垂青、一举成功，每个追逐成功的男人也是如此，但没有人能随随便便成功，这条路也并不是

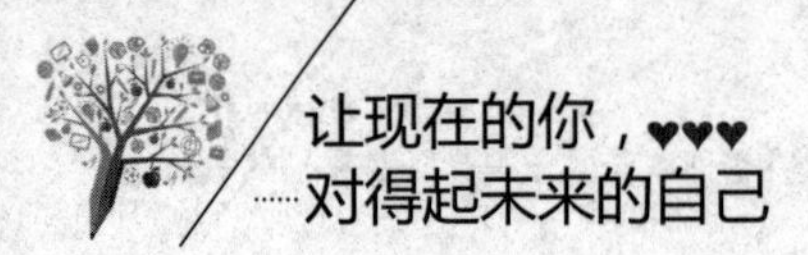

那么好走，需要每个人经受各种考验，其中就有失败。但勇敢的人从不会被失败打倒，而是把失败当成成功的垫脚石，从失败中崛起。在困境中，他们会告诉自己，咬咬牙，忍一忍就过去了。他们不畏惧风雨，不怕挫折，不惧坎坷，所以最后他们成功了。

我们需要明白的是，人生之所以有失败，是因为你要突破要挑战。身陷绝境，就不要诅咒。失败是你错误想法的终止，也是你选择正确做法的开始。你不在绝境中发迹，就在绝境中沦落。处在绝望境地的奋斗，最能启发人潜伏着的内在力量；没有这种奋斗，便永远不会发现真正的力量。

1967年夏天，美国跳水运动员乔妮·埃里克森在一次跳水事故中，身负重伤，除脖子之外，全身瘫痪。乔妮从此被迫离开了那条通向跳水冠军领奖台的路。她曾经绝望过。但最后，她拒绝了死神的召唤，开始冷静思索人生意义和生命的价值。

乔妮领悟到：我是残了，但为什么不能在另外一条道路上获得成功？于是，她想到了自己中学时代曾喜欢画画。于是，这位纤弱的姑娘拾起了中学时代曾经用过的画笔，用嘴衔着，练习开了。她常常累得头晕目眩，汗水把双眼弄得咸咸地辣痛，甚至有时委屈的泪水把画纸也打湿了。

好些年头过去了，乔妮的辛勤劳动没有白费，她的一幅风景油画在一次画展上展出后，得到了美术界的好评。

乔妮又想到要学文学。因为曾有一家刊物向她约稿，要她谈谈自己学绘画的经过和感受，她用了很大力气，可稿子还是没有写成，这件事对她刺激太大了，她深感自己写作水平差，必须一步一个脚印地去学习。

终于，又历经许多艰辛的岁月，这个美丽的梦终于成了现实。1976年，乔妮的自传《乔妮》出版了，轰动了文坛，她收到了数以万计的热情洋溢的信。两年后，她的《再前进一步》一书又问世了，该书以作者的亲身经历，告诉残疾人，应该怎样战胜病痛，立志成才。后来，这本书被搬上了银幕，影片的主角由她自己扮演，她成了青年们的偶像，成了千千万万个青年自强不息，奋进不止的榜样。

人生境界就是如此。在你生命的过程中，不论是爱情、事业、学问等，你勇往直前，到后来竟然发现那是一条绝路，没法走下去了，山穷水尽悲哀失落的心境难免出现。此时不妨往旁边或回头看看，也许有别的通路；即使根本没有路可走了，往天空看吧！虽然身体在绝境中，但是心还可以畅游太空，体会宽广深远的人生境界，再也不会觉得自己穷途末路。

然而，我们也知道，无论做什么事，都有可能遇到困难，在困难面前，大部分人会选择放弃，而只有少数人还能坚持到最后是因为在困难面前懂得使用催眠法自我调整，他们坚定地相信自己坚持下去就一定会取得最后的成功，而大多数人却因为暂时的困难和挫折蒙蔽了自己看到希望的眼睛！

1952年7月4日的清晨，浓浓大雾笼罩整个海岸，一位34岁的妇女，从海岸以西21英里的卡塔林纳岛上涉水下到太平洋中，开始向加州海岸游去。这次，如果她成功了，她就是第一个游过这个海峡的妇女，这名妇女叫费罗伦丝·查德威克。

在此之前，她是从英法两边海岸游过英吉利海峡的第一个妇女。当时，雾很大，海水冻得她身体发抖，她几乎看不到护送她的船。时间慢慢前行，千千万万的人在电视上看着。在以往这类渡游中，她的最大困难不是疲劳，而是冰凉刺骨的水温。15个钟头之后，她浑身冻得发麻又很累。她感觉自己不能再游了，就叫人把她拉上船。

在另一条船上的她的母亲和教练都告诉她海岸已经很近了，叫她不要放弃。但她朝加州海岸望去，除了浓雾什么也看不到。几十分钟之后，人们将她拉上船。又过了几个钟头，她渐渐暖和了，这时她回忆起自己渡游的经历，不假思索地对记者说：“说实在的，我不是为自己推托，如果当时我看见陆地，我能坚持下来。”事实上，人们拉她上船的地点，离加州海岸只有半英里！

后来她说，令她半途而废的既不是疲劳，也不是寒冷，而是因为她在浓雾中看不到目标。查德威克小姐一生只有这一次没有坚持到底。两个月后的一天，她成功地游过了这个海峡。她不但是第一位游过卡塔林纳海峡的女性，而且她以超出两个钟头的成绩打破了男子纪录。

这一案例中的女主人公查德威克的确是个游泳好手。为什么第一次她没有游过卡塔林纳海峡，这正如她说的，因为她看不到目标，看不到终点，最终她放弃了。而在第二次的尝试过程中，她能游过同一海峡，是因为她鼓起了勇气。

对于任何人来说，在追求成功的过程都会遇到挫折与失败。挫折是生活的组成部分，你总会遇到。世间的万事万物，无一不是在挫折中前进的。即使是灾难也不足以让你垂头丧气。有时候，可能一次可怕的遭遇会使你备受打击，认为未来都失去了意义。在这种情况下，你必须相信：灾难中也常常蕴含着未来的机遇。

奥斯特洛夫斯基说得好："人的生命似洪水在奔腾，不遇着岛屿和暗礁，难以激起美丽的浪花。"如果你在失败面前勇敢进攻，那么人生就会是一个缤纷多彩的世界。也正如巴尔扎克的比喻："挫折就像一块石头，对弱者来说是绊脚石，使你停步不前，对强者来说却是垫脚石，它会让你站得更高。"

所以，如果你已经成功了，你要由衷感谢的不是你的顺境，而是你的绝境。当你陷入绝境时，就证明你已经得到了上天的垂爱，将获得一次改变命运的机会。如果你已经走出了绝境，回头再看看，你会发现，自己比想象中的要伟大，要坚强，要聪明。

在命运面前，勇气有时代表一切

生活中，困难无处不在，而很多时候，打倒人们的不是这些困难，而是内心放大的恐惧。有这样一个小故事：有一只鸭子，在河面上不停地游来游去，想要找鱼吃。可是游了一整天，一条鱼也没找到。到了晚上，

它看到月光倒映在水中，以为是鱼，就潜下去捕抓。这时，其他鸭子看到了，都大大地嘲笑了它一番。受此打击后，它即使真的看到鱼，也不敢再去捕捉了，结果很快就饿死了。

面对无法避免的压力和打击，如果我们不能用良好的心态面对，结果也只能和那只鸭子一样，惧怕尝试，即使成功就在眼前，也不敢跨出一步，最终倒下。

这个简单的道理可能每个渴望成功的人都懂，一些人总是抱怨命运不公，抱怨自己的处境糟糕，抱怨创业难等，但说到克服困难，似乎那些刚出世没多久的孩子反倒比大人勇敢。孩子们敢和鳄鱼拥抱，和巨蟒共舞。因为无惧，所以无畏。

为此，我们每个人都应该记住，无论你失去什么，都不能失去勇气。而勇气并不是轻易就能获得的，是需要你在当下的日常生活中逐渐培养的，可能你认为现在的自己确实勇气不足，那么，你可以尝试做一些你没有做过或者不擅长的事，这是一种对自我的挑战，如果胆小怕事，就不可能获得成功。风险中肯定有困难，但困难中蕴藏着巨大机会的种子。

我们也发现，古今中外，任何一个成功者，都具有一些共同的特质：他们积极主动，敢作敢为。同样，任何一个人，无论现在处于什么样的境况，要想在未来社会竞争中脱颖而出，你就需要勇气。

恺撒是一位出色的军事将领。有一次，他奉命率领舰队前去征服英伦诸岛。出发前他检阅舰队，才发现严重的问题。随船远征的军队人数少得可怜，而且武装配备也残破不堪，以这样的军力去征服骁勇善战的盎格鲁萨克逊人，无异于以卵击石。

但军令如山，恺撒决定背水一战。舰队到达目的地之后，恺撒等所有士兵全数下船后，立即命令部属一把火将所有战舰烧毁。同时，他召集全体战士，明确地告诉他们：战船已全部烧毁，大伙儿只有两种选择：一是勉强应战，如果打不过勇猛的敌人，后退无路，只得被赶入海中喂鱼；二

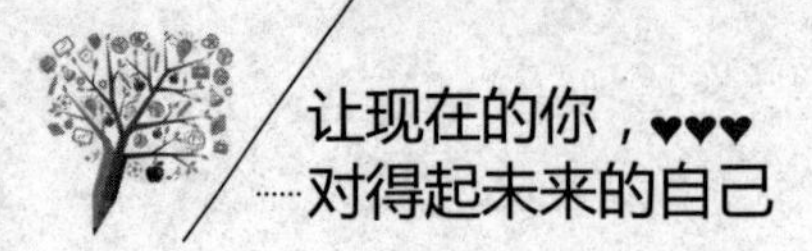

是奋勇向前，攻下该岛，则人人皆有活命的机会。求生是人的本能，士兵们人人抱定必胜的信念，终于攻克强敌，以弱胜强。恺撒也因为这次成功的战役而备受重视，直到日后掌握大权。

从这个故事中，我们可以看出，无论做什么事，必须具有绝无退路的决心，勇往直前，遇到任何困难、障碍都不能后退。如果立志不坚，随时准备遇难而退，那就很难有成功的一日。

的确，不怕吃苦的人才会有所成就。在你的人生路上，也许会沼泽遍布，荆棘丛生。也许会山重水复，也许会步履蹒跚，也许，你们需要在黑暗中摸索很长时间，才能找寻到光明……但这些都算不了什么，一个人只要能把握自己该干什么，那么就应该勇敢地去敲那一扇扇机会之门。

小周是个聪明的小伙子，刚开始，他以较好的学历被聘用。但上班以后的他却表现平平，因为无论做什么事，他总是前怕狼后怕虎，总是担心这个，担心那个，什么都不敢尝试，只有有点难度的工作，他都说自己做不好。后来，上司就再也不把重要任务交给他了。他成了办公室的“多余人”。

时间过得真快，一转眼几年过去了，公司里也招进来很多新人，这些新人锐意进取，一个个都表现得比他优秀，他感到了前所未有的危机，但他还是不敢接受稍有挑战的工作。再后来，大家都忘记了办公室里还有他这样一个老员工。听说公司近期要精减人员，也许那时会第一个想起他来。

恐怕任何一个年轻人都不想落得小周那样的下场，那就勇敢地迈出那“划时代”的一步吧！一切都将改变。

在今天开放的全球化世界中，随机性和偶然性越来越大，往往变幻莫测，难以捉摸。在如此不确定的环境里，勇气就成了最宝贵的资源。人这一生最可悲的不是没有能力，而是没有勇气。当机遇一次次降临时，如果没有勇气去抓住，那么其他方面再怎么强也没有用。相反，有了充足的勇气，哪怕自己的条件比不上别人，成功的机会也比别人多。

现实生活中，可能一些人已经习惯了安稳平淡的生活，似乎少了很多战胜困难的勇气。人生中有许多困难并不是什么坏事，因为逆境可以造就英雄。有了这些磨炼，美玉才会更加完美，刃器才会更加锋利。命运多舛并不是什么可怕的事，可怕的是，你无法去克服和跨越它们。

当你遇到困难时，理所当然，你会考虑到事情的难度，如此，你便会产生恐惧，会将原本的困难放大。但实际上，假如你能减少思考困难的时间，并着手解决所遇到的困难，你会发现，事情远比你想象的简单得多。那些成功的人士，都是靠勇敢面对多数人所畏惧的事物才能出人头地的。美国著名拳击教练达马托曾经说过："英雄和懦夫同样会感到畏惧，只是英雄对畏惧的反应不同而已。"麦克阿瑟在西点军校的演讲中也曾说过这样一句话："不正面面对恐惧，就得一生一世躲着它。"

所以，我们每个人都要明白的是，所谓的困难并没有那么可怕，之所以不敢勇敢跨出第一步，是因为你内心的恐惧在作怪。恐惧将困难放大，就会压倒你自己；而如果你勇敢一点，无视恐惧，你会发现，原来，所谓的恐惧只不过是只纸老虎。

不逼自己一把，怎能改掉恶习

世界著名心理学家威廉·詹姆士这么说的：播下一个行动，收获一种习惯；播下一种习惯，收获一种性格；播下一种性格，收获一种命运！不难发现，好的习惯对于一个人的一生有多么重要。一个浑身恶习的人，很难有什么大作为，而一个有好习惯的人，才有可能实现自己人生的大目标。从某种意义上说，"习惯是人生最大的指导"。这就告诉我们，你若希望拥有一个成功的人生，就必须养成良好的行为习惯。因为我们的习惯就像是走路，如果你选择了好的行为习惯，也就是选择了一条正确的道路一直走下去。

然而，所谓习惯，指的就是人们成长过程中，在很长一段时间内逐渐形成的一种行为倾向。习惯的力量太大了，一个人一旦养成某种习惯，就会不自觉地在这个轨道上运行，所以，要想改掉恶习，必须下狠心，下决心，做到自我克制。

古时候，有个学问家叫孟轲。他刚上学的时候，很用心，写字一笔一画，很工整。不久，他觉得学习太辛苦，不如在外面玩耍快活。于是，他逃学了，常到山坡上树林中去玩，好开心啊！

一天，他回到家里，正在织布的妈妈问他："怎么这么早就放学了？"他只好承认逃学了。妈妈生气地说："我辛辛苦苦织布供你读书，你却逃学，太没出息了！"小孟轲连忙给妈妈跪下。

妈妈拿起剪刀，一下子把没织完的布剪断了，说道："你不好好读书，就像这剪断的布，还有什么用处？"

小孟轲哭着说："我错了！今后再也不贪玩了。我一定好好读书！"从此，小孟轲勤奋学习，从不偷懒。后来他成了著名的大思想家。

孟轲为什么能成为著名的大思想家？这来自于他能认识到自己的错误，然后能做到自控，克制自己不再贪玩、努力学习。

著名教育家叶圣陶先生也认为，要养成某种好习惯，要随时随地加以注意，身体力行、躬行实践，才能"习惯成自然"，收到相当的效果。因此，在日常生活中，我们也要注意自己的言行习惯，"行成于思毁于随"，良好习惯形成的过程，是严格训练、反复强化的结果。

俗话说，"习惯形成性格，性格决定命运"。而好习惯是后天培养出来的，坏习惯也是可以改变的。生活中的每一个人，都应该以独具的敏锐的洞察力来审视自己的习惯。我们要相信一点：坏习惯是可以改变的。改变了你的那些瑕疵，你的命运也会如美玉般透亮。

苏格拉底门下有很多学生，他经常带领这些学生四处游历、包揽名山大川。几年下来，这些学生都学到不少知识，有些还成为满腹经纶的学

者，为此，苏格拉底感到很欣慰，学生自己也认为可以顺利“毕业”了。

一天，苏格拉底带领这些学生来到一片旷野上，他让大家在草地上围坐在一起，然后对他们说：“现在，你们已经个个都是饱学之士了，你们也马上可以从我这儿毕业了，但最后一次，我再问你们一个问题。”毕业前，老师问的问题当然很重要了，学生们一个个竖起了耳朵，想听听老师会问什么问题。

“我们现在坐着的什么地方？”苏格拉底问他们。

学生们回答道：“旷野。”

苏格拉底又问：“这里长了什么？”

学生们答曰：“草。”

苏格拉底说：“是的，你们回答得都对，这里长满了草，那么，接下来，我要问的是，你们要用什么办法，才能清除掉这些杂草？”

这是哲学问题吗？一个严谨的老师，怎么会问这么简单的问题？拔出杂草明明是农民才需要思考的问题？学生们都对苏格拉底的问题感到很好奇，但他们还是按照自己的想法一一作答。

“这个问题太简单了，用手拔掉就行了吧？”一名学生抢先开口。

另一个学生答道：“用镰刀割掉，那样会省力些。”

第三个学生回答得更为干脆：“用火烧更彻底。”

苏格拉底从草地上站起来，清了清嗓子，然后说，说：“那么，同学们，现在你们就按照自己的方法，划定一片区域，将各自区域的杂草清除掉，明年，我们再来看看自己的战果，看看谁的方法更有效。”

约定的时间到了，一年后，所有的学生都齐聚在这片曾经长满杂草的地方。令他们高兴的是，这里再不是杂草丛生，但却依然有很多参差不齐的杂草在风中摇摆。然后，苏格拉底带领他们到另外一块地方，这里不是学生们除草的范围，这里没有杂草，而是长满了旺盛的麦苗，学生们凑近一看，看到了一块木牌，那是苏格拉底的笔迹，上面写着：“要想除掉旷野里的杂草，方法只有一种，那就是在上面种上庄稼。”

学生们恍然大悟。

用麦苗根除杂草是一种智慧。我们在培养习惯时，是否可从苏格拉底那里领悟借鉴呢？好习惯多了，坏习惯自然就少了。

有专家说：“养成习惯的过程虽然是痛苦的，但一个好习惯的养成，将是我们终生的财富。因此，暂时的痛苦，又算得了什么？根据西方人文科学家研究，一个习惯的培养需要21天左右，只要我们认真去做，就等于说我们吃了21天的苦，却得到了一辈子的甜，这是一个很值得和很高效的事情。此外，任何一个习惯一旦养成，它就是自动化的，如果你不去做反而会感觉很难受，只有做了才会感觉很舒服。”因此，关于好习惯的培养，我们不妨给自己订一个计划，然后用日程本记下自己执行计划的过程。那么，21天后，你将养成好习惯，坚持21天，你就会成功。坚持21天，就能改变你的意识，影响你的行为，为你带来超乎想象的成功。你又何乐而不为呢？

总之，习惯的养成，并非一朝一夕之事；而要想改正某种不良习惯，也常常需要一段时间。根据专家的研究发现，21天以上的重复会形成习惯，90天的重复会形成稳定的习惯。所以一个观念如果被别人或者是自己验证了21次以上，它一定会变成你的信念。

战胜自己的人，才有资格获得上帝的垂青

“人生十四最”中有这样一句话：人生最大的敌人是自己。的确，人要想超越他人，要想成功，就必须先超越自己，战胜自己的意识、信心和外界一切压力。而当人们面对挫折和困难时，却往往容易被这些意识、信心、压力打败，从而功亏一篑，败给自己。的确，金无足赤，人无完人，人最大的敌人是自己。只有能够战胜自我的人，才是真正的强者。

“要战胜别人，首先须战胜自己。”这是智者的座右铭。人生路上，我们会遇到一些挫折，但我们的敌人不是挫折，不是失败，而是我们自己，是内心的恐惧，如果你认为你会失败，那你就已经失败了，说自己不行的人，爱给自己说丧气话，遇到困难和挫折，他们总是为自己寻找退却的借口，殊不知，这些话正是自己打败自己的最强有力武器。一个人，只有把潜藏在身上的自信挖掘出来，时刻保持着强烈的自信心，困难才会被我们打败，成功者之所以成功，是因为他与别人共处逆境时，别人失去了信心，他却下决心实现自己的目标。

曾经有这样一个故事：

在美国，有个刚毕业的年轻人，在一次州内的征兵选拔中，他因为体能好、表现优异被选中了，在外人看来，这是一件好事，但他看起来却不高兴。

为了庆祝孙子被选上，他的爷爷从美国的另一个州来看他，看到孙子心情不好，便开导他说：“我的乖孙子，我知道你担心，其实真没什么可担心的，你到了陆战队，会遇到两个问题，要么留在内勤部门；要么被分配到外勤部门。如果是内勤部门，那么，你就完全不用担忧了。”

年轻人接过爷爷的话说：“那要是我被分配到外勤部门呢？”

爷爷说：“同样，如果被分配到外勤部门，你也会遇到两个选择，要么继续留在美国，要么被分配到国外的军事基地。如果你分配在美国本土，那没什么好担心的嘛。”

年轻人继续问：“那么，若是被分配到国外的基地呢？”

爷爷说：“那也还有两个可能，要么被分配到崇尚和平的国家；要么是战火纷飞的海湾地区。如果把你分配到和平友好的国家，那也是值得庆幸的好事呀。”

年轻人又问：“爷爷，那要是我不幸被分配到海湾地区呢？”

爷爷说：“你同样会有两大可能，要么留在总部；要么被派到前线去参加作战。如果你被分配到总部，那又有什么需要担心的呢？”

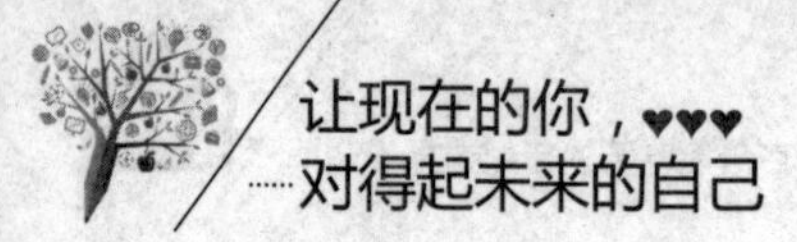

年轻人问：“那么，若是我不幸被派往前线作战呢？”

爷爷说：“同样，你会遇到两个选择，要么安全归来，另一个是不幸负伤。假设你能安然无恙地回来，你还担心什么呢？”

年轻人问：“那倘若我受伤了呢？”

爷爷说：“那也有两个可能，要么是轻伤，要么身受重伤、危及生命。如果只是受了一点轻伤，而对生命构不成威胁的话，你又何必担心呢？”

年轻人又问：“可万一身受重伤呢？”

爷爷说：“即使身受重伤，也会有两种可能性，要么有活下来的机会，要么完全无药可治了。如果尚能保全性命，还担心什么呢？”

年轻人再问：“那要是完全救治无效呢？”

爷爷听后哈哈大笑着说：“那你人都死了，还有什么可担心的呢？”

是啊，这位爷爷说得对：“人都死了，还有什么可担心的呢？”这是对人生的一种大彻大悟。有时候，我们对某件事很担心，但只要我们转念一想，最好的状况莫过于……以这样的心态面对，其实就没有什么可担心的了。

美国著名将领艾森豪威尔将军是这样诠释的：“软弱就会一事无成，我们必须拥有强大的实力。”不正面迎向恐惧，面对挑战，你就得一生一世躲着它。

人们恐惧的表现之一通常是躲避，而试图逃避只会使得这种恐惧加倍。任何人只要去做他所恐惧的事，并持续地做下去，直到有获得成功的纪录做后盾，他便能克服恐惧。既然困难不能凭空消失，那就勇敢去克服吧！

你需要记住的是，因为在困难面前，逃避无济于事，只有正面迎击，困难才会解决。这时候，你会发现，那些所谓的困难与麻烦只不过是恐惧心理在作怪，每个人的勇气都不是天生的，没有谁一生下来就充满自信，只有勇于尝试，才能锻炼出勇气。

生活中的人们，当你遇到困难时，你也可以克服恐惧。“现实中的恐怖，远比不上想象中的恐怖那么可怕。”当你遇到困难时，理所当然，你会考虑到事情的难度所在，如此，你便会产生恐惧，会将原本的困难放大。但实际上，假如你能减少思考困难的时间，并着手解决所遇到的困难，你会发现，事情远比你想象中简单得多。那些成功的人士，都是靠勇敢面对多数人所畏惧的事物才出人头地的。美国著名拳击教练达马托曾经说过：“英雄和懦夫同样会感到畏惧，只是英雄对畏惧的反应不同而已。”

做曾经不敢做的事，本身就是克服恐惧的过程。如果你退缩、不敢尝试，那么，下次你还是不敢，你永远都做不成。只要你下定决心、勇于尝试，就证明你已经进步了。在不远的将来，即使你会遇到很多困难，但你的勇气一定会帮你获得成功。

总之，物竞天择，适者生存，当今社会更是一个处处充满竞争的社会，一个有作为的人必定是真敢想敢的人，而你首先要做的就是消除内心的恐惧，毫无畏惧，自然战无不胜!

清算苦难，不如努力向前

我们不难发现，大凡做出一些成就的人，他们的成功之路都不是一帆风顺的，他们必定会经受一些磨难，吃尽苦头，然后才能等到出头之日，一鸣惊人。在这个过程中，他们不断地忍耐着痛苦与辛酸，精神上的，身体上的，那些痛彻心扉的日子，他们咬着牙，将滴落的血吞进肚子里。有时候，为了完成自己心中的理想，他们可能需要寄人篱下，甚至遭人白眼，受人讽刺，但他们都忍了过来，在这个过程中，他们就好像在委曲求全，但实际上却是运筹帷幄，因为他们知道，自己的忍耐只需要等到一天，等到可以出头的那一天，一旦等到了有利的时机，自己就可以将所有的计划付诸于实践。那么，自己以前所受的所有苦难都是值得的，因为它们已经凝结成了耀眼的成功的光环。

实际上，很多人羡慕的石油大王洛克菲勒之所以能成为标准石油公司的总裁，能坐拥亿万家财，也是因为他有一颗愿意吃苦和努力奋斗的心。生活中的年轻人需要记住的是，一个人的命运如何，是掌握在自己手里的，出身只能决定我们的起点，不能决定我们的终点。

中国人常说：“穷不过三代，富不过三代。”这句话揭示了一个现象：没有永恒的贫穷，也没有永恒的富有。洛克菲勒曾告诉他的儿子：“机会永远都会不平等，但结果却可能平等。”事实上，在古今中外的历史上，无论是在政界还是在商界，尤其在商界，白手起家的事例俯拾皆是，他们曾经是贫穷的，但却因为努力奋斗而拥有自己的事业，甚至功成名就，当然，历史上也充斥着富家子弟拥有所有优势，却走向失败的事例。

欧洲有一位艺术家，要画一幅耶稣的画像。由于耶稣是上帝的儿子，代表着神圣的形象，应该画得庄严肃穆，因此这位画家便四处寻找一位相貌很好的模特儿，并且完成了这幅千古佳作，受到举世的赞扬。

过了几年，有人提议，光有这幅惟妙惟肖的耶稣画像还不够，不能显现耶稣的伟大：如果再画一幅魔鬼撒旦的像和此像比照，效果一定更好。可是面貌长得像魔鬼的人要到哪里去寻找呢？最后只好到监狱找一个面相凶恶的囚犯做对象。

当画家为囚犯画像时，这个囚犯突然掩面哭泣起来。画家就问他：“你怎么哭了呢？”

“我是触景伤情，忍不住悲伤才哭的。”

“什么事让你如此痛心呢？”

“几年前我也当过你的模特儿，想不到数年后我又遇到你，可是人生的境遇却完全两样！”原来，这个囚犯就是艺术家当年耶稣画像的模特儿。

画家听了大吃一惊说：“你的相貌怎么变得如此凶狠可怕呢？”

囚犯说，当时他得了这笔奖金，吃喝嫖赌，做尽坏事，甚至以身触法，进了牢狱，相貌也因此变凶恶了。

相随心转，你的心可以让你变耶稣，也可以让你变撒旦，就看你自己了。

这个故事告诉生活中的所有人，命运的主动权也掌握在我们自己手里，最终成为耶稣还是撒旦，也由我们自己决定。

有这样一句名言：“高贵快乐的生活，不是来自高贵的血统，也不是来自高贵的生活方式，而是来自高贵的品格——自立精神，看看那些赢得世人尊重、处处施展魅力的高贵的人，我们就知道自立的可贵。”享有特权而无力量的人是废物，受过教育而无影响的人是一堆一文不值的垃圾。找到自己的路，上帝就会帮你！

总之，生活中的人们都应该记住：我们的命运由我们的行动决定，而绝非完全由我们的出身决定。每个人的起点并不能决定其人生结果。在这个世界上，永远没有穷、富世袭之说，也永远没有成、败世袭之说，有的只是我奋斗我成功的真理。我们都应该坚信，我们的命运由我们的行动决定，而绝非完全由我们的出身决定。

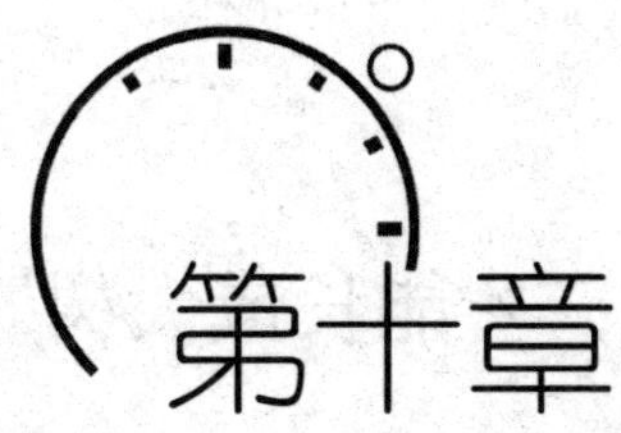

第十章

善于等待，一切都会及时到来

的确，在人生旅途中，很多人为明天而焦虑，尤其是一些年轻人，他们总是担心明天的生活，明天的工作，但实际上，这只不过是杞人忧天，我们谁也无法预料到明天，我们所能掌控的只有当下。并且，在人生目标的实现中，一个人只要内心平静、努力充实自己，等待时机、不骄不躁，你的日子就会过得悠然自得、从容不迫，不去羡慕别人，你才会找到自己的生活，完成你自己的事业。

扎根于泥土里的种子，才能长成大树

相信任何一个人，曾经都有自己的梦想，都满腔抱负，希望可以一展拳脚，做出一番成绩来，但现实告诉我们，必须从最基础的工作做起，这就好比一颗种子，如果浮于空中，是无法生根发芽的，只有埋进土里，经过雨水的灌溉、滋润，才能长成大树。现代社会，一些人心态浮躁，对于他们来说，这无疑是更高层面的挑战。艾森豪威尔说：“在这个世界，没有什么比‘坚持’对成功的意义更大。”的确，世界上的事情就是这样，成功需要坚持。雄伟壮观的金字塔的建成正是因为它凝结了无数人汗水的结晶；一个运动员要取得冠军，前提就是必须坚持到最后，冲刺到最后一瞬。如果有丝毫之松懈，你就会前功尽弃，因为裁判员并不以运动员起跑时的速度来判定他的成绩和名次。

“天将降大任于斯人也，必先苦其心志，劳其筋骨，饿其体肤。空乏其身！”很多人心中都有成才成功的梦想，而真正能做到优秀的人却是少数。不是因为这些人墨守成规，也不是因为这些人聪明不够，而是因为他们缺乏成才成功的坚实基础和坚忍的毅力。

诚然，现今社会，人人都追求张扬的个性，但不能忽视的是这种张扬的个性应该建立在内心足够强大根基足够宽广的基础之上，否则只能是任人摆布的玩偶，或者是单一的皮影，永远不会是一个鲜活的生命。

我们再来看一个年轻人的故事：

青年小张是某大学经济系毕业的高才生，刚开始，他希望自己能进入国家单位当公务员。他想，省里的难进就先进市里的，要是市里的也难考就先考县里的。“我会一直努力参考，总有一天能在大城市的机关单位就职。我要让我的家人和我一起走出大山，然后在城里给他们买大房子，让他们开汽车。”大学刚毕业的小张，对自己的人生方向有着很明确的规划。

但现实有时候就是这样，想要什么，就偏不给你什么。屡战屡败后，小张曾一度陷于低谷。“刚毕业的大学生，由于缺乏社会经验，基本上都是在面试时败下阵来的。对于那些五花八门的问题，还有一些专业性很强的术语，我感觉无从下手。”小晨说。“生活不是你想要什么就来什么，咱努力过了也就没有遗憾了。如果现在条件还不成熟，那就试着先干干别的。等将来有机会再考。总不能吊死在一棵树上，你以后的路还很长啊！”父亲这番话点醒了小张。

考不上公务员，那最低要求也要在大城市找工作。小张是个心高气傲的人，总觉得自己是有能力做一番事业的，只是还没有遇到机会和赏识他的伯乐。于是，他开始关注省城每周的招聘信息，也试着投简历，面试。

运气还算好，由于学历不错，长相谈吐也都大方自然，一些私企有意向录用他当文员或者秘书。“办公室里的好多人员学历不如我，能力也不如我，我觉得大材小用了。”所以，辗转了好几次类似这样的工作，他就是做不长。

“就在我快要对自己的未来绝望的时候，我遇到了表哥。他连小学都没毕业，如今却开着名车，还娶了城里的漂亮媳妇。”小张心里很不是滋味。

表哥告诉他：“和你哥我比比，你可是幸福多了。有这么多人疼着你，还供你上了大学，长得一表人才，前途光明着呢，别丧气啊！人有时候就不能太较真了，也不能急于求成，也不能把自己太当回事了。苦你得吃得，气你得受得。你哥我不就是盘子端过、碗洗过，被人骂过，一步一个脚印，脚踏实地走，才有了今天。”表哥的经历让小张彻底明白了一个道理：要想成功，起点固然重要，但脚踏实地的努力更重要。

现在的小张已经大学毕业两年了，最终明白了一个道理：找不到理想的工作，与其自暴自弃，怨天尤人，还不如踏踏实实，在一个自认为还有着足够兴趣的岗位上一步一个脚印走。于是，后来，小张开始平静下来，在省城一家四星级酒店找了工作，现在他已经是前台经理了。

可能很多年轻人和小张有着相同的经历，满腔热血却被现实浇灭，但扪心自问，问题却在自身，与其打着灯笼满世界找满意的工作，不如踏实下来，勤奋工作。要知道，没有伟大的意志力，就不可能有雄才大略。可能目前这份工作让你感到很沮丧，你觉得前途渺茫，但你真的做到了勤恳工作吗？既然没有，那么，何不尝试一下呢？努力工作，你会发现，成长始终伴你左右！

因此，一个人若想不断进取，就不能腹中空空如草莽，就硬努力充实储备各种能力各种知识或各种能为自身发展所用的东西，待时机成熟，再跨上另一个高度。

所以，我们任何一个人，都应趁着年轻还有时间和精力，多做对增加自己人生厚度增添人生张力有益的事情。可能很多人对目前所从事的工作不满，因为它薪水很低，甚至还需要自己委屈求全，但如果你确实能从中学到东西，增长才干，那么不妨给自己制定一个做这份工作的期限，在这个期限之内尽自己所能充分学习充分提升自己，在到达这个期限之后你尽可以潇洒地向更高的目标迈进，到那时你也许可以发现你已经站到了一个相当高的高度来审视这份工作。

只需努力，其他的都交给时间

我们都知道，任何事情的发展都是有规律的，人们的主观愿望与实际生活也总是有差距的。就像自然界的植物，它们的成长需要每天接受光合作用，需要接受甘露的灌溉，才能获得成果。其实，不仅是植物的成长，我们所做的每件事也是如此，是有一定的规律的，我们需要做的只是努力，剩下的就将一切交给时间。这是一种大气和洒脱，是一种从容和淡定。

生活中的人们，当下的你可能正处于困惑之中，可能你对现在所从事的工作感到迷茫、觉得毫无希望，但是你可曾问自己：我做到百分之百的努力了吗？如果答案是肯定的，请别焦躁，该有的总会有，成功总有一天会找到你。

所以，我们千万不可把自己的主观意愿强加于客观的现实中，我们应该学会随时调整主观与客观之间的差距。凡事顺其自然，确实至为重要。

从前，宋国有个农民，他做事总是追求速度。因此，对于田间的秧苗，他总觉得长得太慢，于是，他闲来无事时，就会到田间转悠，然后看看秧苗长高了没有，但似乎秧苗的长势总是令他失望。用什么办法可以让苗长得快一些呢？他思索半天，终于找到一个自认为很好的办法——我把苗往高处拔拔，秧苗不就一下子长高了一大截吗？说干就干，他就动手把秧苗一棵一棵拔高。他从中午一直干到太阳落山，才拖着发麻的双腿往家走。一进家门，他一边捶腰，一边嚷嚷："哎哟，今天可把我给累坏了！"

他儿子忙问："爹，您今天干什么重活了，累成这样？"

农民扬扬自得地说："我帮田里的每棵秧苗都长高了一大截！"他儿子觉得很奇怪，拔腿就往田里跑。到田边一看，糟了！早拔的秧苗已经干枯，后拔的也叶儿发蔫，耷拉下来了。

揠苗助长，愚蠢之极！每一棵植物的成长都是需要一个过程的，需要我们每天辛勤地浇灌、耕耘等，才能获得成果。每一个生命的成长也如此，千万不要违背规律，急于求成，否则就是欲速则不达。

其实，不光是这个农民，在现实生活中，我们也看到不少人内心焦躁不安，尤其是当他们发现自己努力过后依然看不到希望时，他们要么打退堂鼓，要么感时伤事，开始处于迷茫混沌之中。其实只要你勤勤恳恳、不放弃，那么，静静地等待，时间总会回报你。

其实，任何一种本领的获得、一个人生目标的达成都不是一蹴而就的，而是需要一个艰苦历练与奋斗的过程，正所谓“梅花香自苦寒来，宝剑锋从磨砺出”，任何急功近利的做法都是愚蠢的，做任何事情都要脚踏实地，一步一个脚印才能逐步走向成功，一口是永远吃不成一个胖子的，急于求成的结果，只能适得其反，结果只能功亏一篑，留下一个拔苗助长的笑话。

孔子曰：“无欲速，无见小利。欲速，则不达，见小利，则大事不成。”真正能成大事者，都有十足的定力，遇事不慌不乱，这也是一种智慧的胸襟。人要学会用长远的眼光看问题，不仅要看到近期的得失，更要着眼于未来。只有凡事不急于求成，才能真正有所成就。

春秋战国时期，魏国的国君打算发兵征伐中山国，有人向他推荐一位叫乐羊的人，据说这个人文武双全，一定能攻下中山国。后来，魏文帝还了解到乐羊曾经拒绝了儿子奉中山国国君之命发出的邀请，同时，乐羊还劝儿子不要继续侍奉荒淫的中山国国君。于是，魏国国君打算重用乐羊，派他带兵去攻打中山国。

乐羊带兵一直攻到中山国的都城，然后就一直按兵不动，只围不攻。几个月过去了，乐羊还是没有攻打中山国，魏国的大臣们顿时议论纷纷，不过，魏国国君并不吱声，依然不断派人去慰劳乐羊。乐羊似乎就稳在那里了，其手下疑惑地问他：“你为什么还不动手攻打中山国呢？”乐羊说：“保持平和的心境，我之所以只围不打，是为了让中山国的百姓们看出谁是谁非，这样，我们才能真正地收服中山国。”

过了一个月，乐羊发动了攻势，攻下了中山国的都城。魏国国君亲自为乐羊接风洗尘，宴会完了之后，国君送给乐羊一个箱子，让他自己带回家再打开。乐羊回到家打开箱子一看，里面全部是自己在攻打中山国时，大臣诽谤自己的奏章。原来，国君与乐羊一样，都是“按兵不动”，所以，中山国才得以成功地攻打下来。

如果一开始乐羊就心急火燎地攻打中山国，那他极有可能会遭遇失败；同样的，面对大臣写下的诽谤奏章，魏国国君如果急切地惩罚了乐羊，那中山国不一定能够攻打下来。其实，做人做事就如同打一场战争，在这场战役中，你会遇到各种各样的情况，只有那些戒骄戒躁、心境平和的人才有能力赢得这场战役。在整个过程中，谁保持了平和的心境，谁就掌控了局面。

在生活中，真正的赢家并不是那些聪明的人，而是那些笨的人。因为他们认为自己不够聪明，勤能补拙，所以他们苦干，最终赢得了自己想要的生活，而相反，那些自以为聪明者，他们喜欢耍小聪明看到周围的人有更巧妙的方法，他们就投机取巧，似乎这样就显得比别人聪明一点，而最终他们往往输得很惨，所以智慧和实干比起来，实干更加不可或缺。

总之，我们需要记住，无论做什么，太想成功的人，往往很难成功，太想达到目标的人，往往不容易达到目标，过于注意就是盲目，欲速则往往不达，凡事不可急于求成。相反，以淡定的心态对之，处之，行之，以坚持恒久的姿态努力攀登，努力进取，成功的概率却会大大增加。

静下心来，在等待中成就大器

我们都知道，将任何有意义的事情做好，都是成功的预示。因为你比别人多付出，你在实际工作中也比别人想得更周到。成就决非朝夕之功，凡事必须从小事做起，只要有意义。我们需要记住的是：你不会一步登天，但你可以逐渐达到目标，一步又一步，一天又一天。别以为自己的步伐太小，无足轻重，重要的是每一步都踏得稳。所以，成功绝不是偶然的，成功者更是善于等待的，他们懂得在等待中积累实力，在等待中找寻机遇，所以最后他们能一举成功。

有个年轻人刚从学校毕业，来到一家杂志社应聘工作，等他赶到杂志社的时候，那里已经挤满了前来找工作的人。过了一会儿，走过来一个人，他自称是杂志社人事处的工作人员，给所有应聘的人每个人发了一份简历表，大家纷纷掏出笔，趴在走廊的椅子上填表。接着，那个人事处的工作人员领着大家走进了一间办公室，说道："主任现在正在开会，请大家在这里忍耐地等待他来面试。"大家等待着，一个小时过去了，那个主任还是没有出现，又一个小时过去了，有的人已经烦躁不安，几个人在屋子里走来走去，嘴里小声嘟囔着什么，年轻人的心情也开始变得烦躁起来。

眼看快到中午了，有人开始忍不住了，他们收拾东西出门了，而且将门摔得特别响。年轻人也已经不耐烦了，也想跟其他人一样走开，但他转念一想，自己等了那么久，什么也没等到，那就再等等吧。到了12点，人几乎都走光了，只剩下这个年轻人和一个坐在他对面的人，那个人看上去很精干，但与年轻人不同的是，他坐得很舒适。

年轻人忍不住问："你是来应聘什么职位的？"那个人扭过来看了一眼年轻人，漫不经心地回答说："我不是来应聘的。"年轻人惊讶极了："那你在这里等了一上午做什么呢？"那个人没有回答年轻人的问题，而是提出了一个问题："你觉得在报社工作需要具备什么样的条件呢？"年轻人想了想，回答说："细心，当然，还有一点也很重要，就是耐心。"听了年轻人的话，那个人脸上露出了笑容，他说道："恭喜你，你被录取了。"年轻人这才明白，原来这位精干的人就是主任，也就是这次面试的主考官。

从这个案例中可以看出，那位年轻人并非甘于现状的人，他忍受着等待的枯燥和痛苦，但他更明白，自己这样的等待不能一无所获，而是需要有所获得，哪怕是见上面试官一面也好。然而，正是这样不甘于现状的心态让他最后赢得了那份工作。

几乎每一个人都渴望成功的降临，但事实上很少有人能预期获得成功。有的人盲目行事，心中有了什么好的想法就马上开始实施，不忍耐，不等待，也不经过仔细思考，最终面临惨烈的失败。其实，要想获得成功就必须有周详的谋划，处心积虑，经过一番斟酌，经过一段时间的准备之后再行动，一旦决定了就雷厉风行，这样就很容易获得成功。

成功需要来自多方面的因素，除了自身的条件之外，最重要的就是善于等待，进行周密的策划，这样的“谋定”促成了人生这个大棋盘，只要摆好了棋子，步步为营，就会“运筹于帷幄之中，决胜于千里之外”。

的确，现实世界中，在我们追求做事、追求梦想与目标的过程中，确实存在很多影响我们心绪的因素，做不到有条不紊地工作，就容易被干扰。

罗马纳·巴纽埃洛斯是美国第34任财政部长。但当初，她只是一位贫穷的墨西哥姑娘，16岁就结婚，后来失去了丈夫的支持，独自抚养两个儿子。但是，她那时就决心谋求一种令她自己及两个儿子感到体面和自豪的生活。于是，在梦想的支撑下，她口袋里装着7美元，带着两个儿子乘公共汽车来到洛杉矶寻求更好的发展。

最初她做洗碗的工作，后来找到什么活就做什么，拼命攒钱直到存了400美元后，便和她的姨母共同经营玉米饼店，结果非常成功，随后开了几家分店。后来，她经营的小玉米饼店铺成为全国最大的墨西哥食品批发商，拥有员工300多人。

在经济上有了保障之后，巴纽埃洛斯便将精力转移到提高她美籍墨西哥同胞的地位上。和许多朋友在东洛杉矶创建了“泛美国民银行”。这家银行主要是为美籍墨西哥人所居住的社区服务。如今，银行资产已增长到2200多万美元，但她的成功确实来之不易。当初，有人告诫她说：“美籍墨西哥人不能创办自己的银行，你们没有资格创办一家银行，同时永远不会成功。”就连墨西哥人也说：“我们已经努力了十几年，总是失败，你知道吗？墨西哥人不是银行家呀！”

但是，她始终不放弃自己的梦想，努力不懈。如今，这家银行取得伟大成功的故事在洛杉矶已经传为佳话，巴纽埃洛斯也成为美国第34任财政部长。

可见，人只有在内心坚定自觉的目标，内心的力量和头脑的智慧才会找到方向，才能忍受长时间的等待，才能一心向前。

世事如棋，谋定而后动。当我们决定要开始一件事情的时候，谁也猜不到最后的结果。但是，如果我们能静下心来，从长计议，在等待中找寻事情的各个因素，并作出分析，进行处心积虑的谋划，就一定能预测最后的结果。凡事都应该“三思而后行，谋定而后动”，方能成就大事。如果你仅仅看见了一片叶子，就想获得整片森林，在没有任何计划之下就开始盲目前行，那只会让自己面临失败的下场。

所以，无论做什么事，要想成功，我们都要学会等待，都要等待最佳的时机，这是一种人生的大智慧，舍弃盲目的行为，选择处心积虑，蓄势待发而后动，你会发现成功有不一样的风采。

内心宁静，才能沉淀自己

我们都知道，没有人能随随便便成功。在人生的道路上，我们若想有所收获，就必须学会耐得住寂寞，因为只有内心宁静的人，才能沉淀自己，才能有一番作为。古人云：“闲谈莫论人非，静坐常思己过。”这种心胸，正是沉淀的必要条件。当然，如果拥有这种心胸，就能够做到不会为那些扰乱心神的俗世所烦扰，就能做到苦中作乐，就能经受住人生的历练，才能收获成功的果实。

事实上，只要我们能坦然面对成长的苦恼，学会享受一个人的寂寞，并在寂寞中反省自我，那么，你会发现，寂寞还能帮助我们做到自我审视和反思，进而帮助我们更好地成长。我们先来看看富兰克林的故事：

富兰克林并不是出身官宦之家，相反，他小的时候，家境很穷。他也只在学校读了一年书后就不得不出去工作，但童年的艰辛并没有磨灭他的理想和意志，反而激励他更加努力。最终，他成功了，他成为美国人心中杰出的政治家和外交家。其实，富兰克林并不是天才。那么，除了刻苦勤奋外，他是不是还有什么成功的秘诀呢？事实上，在富兰克林的身上，有一种非常重要的品质，那就是经常独处、反省自己。正是这种品质，促使他不断地发现自己的缺点，不断改进，成为一个拥有很多美德的人，最终走向成功。

每天晚上，富兰克林都会问自己："我今天做了什么有意义的事情？"

他检讨自己的缺点，发现自己有13种严重的缺点，而其中最为严重的是，喜欢与人争论、浪费时间、总被小事扰乱心绪，他通过深刻的自我检讨认识到：如果要成功。就一定要下决心改造自己。

于是，他设计了一个表格。表格的一边写下自己所有的缺点，另一边则写上那些美好的品质，比如俭朴、勤奋、清洁、谦虚等。他每天检查。反省自己的得与失，立志改掉缺点，养成那些美德。这样持续了几年，他终于成功了。

从这个故事中，我们也不难发现，让自己安静下来，学会在寂寞中反省，是提升自己的最好方法，它还能让我们看清自己，看到自己的不足、长处，甚至找到人生的目标。

自古以来，凡是能够成大事者，他们必须耐得住寂寞，排除外界的干扰。然而，我们不得不承认，现实生活是一个处处充满诱惑，时时会有外来干扰的世界，要维持长时间的、集中的注意力，必须具备一定的自我控制能力，要做到这一点，就要我们做到静心，所以，从某种意义上说，内心是否宁静是我们能否持久专注于工作和学习的前提条件。也就是说，要抵御诱惑，需要我们在努力中保持一颗平常心，这样，我们就能对外界的"花花绿绿""流光溢彩"不生非分之心，不做越轨之事，不做虚幻之梦。

听说，前不久华人导演李安执导的《理智与感情》被列入了"影史伟大的100部英国电影”榜单。回望李安的成功，就好像一次生活的蜕变，但这个过程中，他付出了巨大的代价。内敛和害羞的李安曾说：“我天性竞争性不强，碰到竞赛，我会退缩，跟我自己竞争没问题，要跟别人竞争，我很不自在，我没那个好胜心，这也是命，由不得我。”这个信命的男人，却以自己强韧的耐心完成一次生命华丽的蜕变，从一个普通的男人蜕变成了响彻国际的大导演。

虽然，李安毕业时的作品《分界线》为他赢来了一些荣誉，但毕业之后，他没有找到一份与电影有关的工作，他只得赋闲在家，靠妻子微薄的薪水度日。那段日子算是李安的潜伏期，他为了缓解内心的愧疚，不仅每天在家里大量阅读、大量看片、埋头写剧本，还包揽了所有的家务，负责买菜、做饭、带孩子，将家里收拾得干干净净。他偶尔也会帮人家拍拍片子、看看器材、做点剪辑处理、剧务之类的杂事，甚至还有一次去纽约东村一栋很大的空屋子去帮人守夜看器材。在这段时间，他仔细研究了好莱坞电影的剧本结构和制作方式，试图将中国文化和美国文化有机地结合起来，创造一些全新的作品。

后来，李安回忆起这段煎熬的日子，依然十分痛苦：“我想我如果有日本男人的气节的话，早该切腹自杀了。”就这样，在拍摄第一部电影之前，他在家里当了六年的家庭“主夫”，练就了一手好厨艺，就连丈母娘都夸奖：“你这么会烧菜，我来投资给你开馆子好不好？”蛰伏了一段时间之后，李安出山了，他开始执导自己的第一部电影《推手》，紧接着，他内心对电影艺术的狂热就好像等到了机会发泄了出来，一部接着一部，部部片子都是经典，都为其成功奠定了扎实的基础。

就这样，李安完成了一次生命华丽的蜕变。

这里，我们佩服的是，李安导演因为自始至终对电影业都怀抱理想和希望，所以他能够在家里做了六年的“煮夫”，足见他的忍耐力。就连李安也自嘲说：“我想我如果有日本男人的气节的话，早该切腹自杀了。”在那段煎熬的日子里，他不断蛰伏着，就好像蝴蝶在蜕变之前所经历的一切环节，忍受着寂寞与孤独，忍受着枯燥和痛苦，但他终于以自己的耐心等来了那一天，终于，他成功了，虽然，蜕变的代价是巨大的，但他已经忍受了过来，现在的他，只需要轻轻地努力就可以采摘成功的果实，生活对于他，也从来都是公平的。

西奥多·罗斯福也曾说过：“有一种品质可以使一个人在碌碌无为的平庸之辈中脱颖而出，这个品质不是天资，不是教育，也不是智商，而是自律。有了自律，一切皆有可能，无自律，则连最简单的目标都显得遥不可及。”任何一个人的才能，都不是凭空获得的，学习是唯一的途径。学习的过程，就是一个不断克服自我、控制自我的过程，只有首先战胜自己，摒除内在和外在的干扰，才能以全部的激情投入到对知识的汲取中。

让心安宁的全部秘密

现代高速运转的社会让生活中的我们变得浮躁起来，在灯红酒绿的都市生活中，到处充满着诱惑，然而，能做到静下心来的有几人，在充斥着各种颜色的生活中，偶尔放下浮躁的心，而人本性中的单纯、朴实早已被我们甩在了身后。也许在这个快节奏的时代，我们真的走得太快了，是该停下脚步反思一下了，等一等被我们落下的灵魂。这样，才能让自己的心静下来，思索我们的人生。让心静下来，放下心中的浮躁。

很多时候，人们之所以生活得快乐、幸福，是因为心思简单；之所以内心平静，心态平和，是因为心胸开阔，豁达大度；之所以从容自如、气定神闲，是因为内心宁静、淡定。总之，我们发现，只有定期给自己复位归零，清除心灵的污染，才能更好地享受工作与生活。

的确，我们的生活就是由各种各样的琐事组成的，琐事造成了烦恼的存在，我们常常被这些烦恼困扰着，而事实上，这些烦恼都是我们自找的。一个浮躁的人才乐于给自己找麻烦，你可以追寻美好的生活，可以追寻甜蜜的爱情，但你绝不可以自寻烦恼。

每当我们在为种种苦恼之事感到失落甚至掉泪时，其实快乐就在身边朝我们微笑。做一个快乐的人其实并不难，拥有一个幸福的人生也很简单，只要我们内心淡定。

当然，内心淡定的定义并不仅仅限于不争不抢，淡定是一种心态，是一种面对世事不急不躁、饱经世事后的坦然。那些内心淡定的人，即使遇到了他人的恶意攻击、辱骂，他们也能保持快乐的心境。

很久以前，佛祖在行走的过程中，遇到了一个讨厌他的人，此人跟着佛祖连续走了几天，并用各种话辱骂佛祖，但奇怪的是，佛祖似乎没听到这些似的，从不跟他计较。此人很纳闷，别人问佛祖是怎么做到的。

佛则反问道："若有人送你一份礼物，但你拒绝接受，那么这份礼物属于谁的？"

那个人答："属于原本送礼的那个人。"

佛祖微笑着说："没错。若我不接受你的谩骂，那你就是在骂你自己。"

那个人恍然大悟，摸摸鼻子走了。

这里，佛要告诉我们的是，只要你能做到对别人带给你的烦恼自动屏蔽的话，那么，无论别人如何谩骂你、如何对待你，都影响不了你的快乐，夺不走你的高兴。也就是说，生气其实就是拿别人的错误来惩罚你自己，真正的受害者也是你自己。

因此，心态决定生活，只要我们内心淡定，"烦恼"这份礼物就能被我们拒之于门外，任何人都破坏不了我们的好心情。

那么，生活中的你是否是个内心安宁的人呢？你是否很容易忧虑？你是否像林黛玉一样多愁善感？你是否因为天气不好而心情烦躁？你是否会莫名奇妙地悲观沮丧？每当周围有人在吵架的时候，即使与你无关，你是否也会变得烦躁、紧张？你是否经常感到惶恐不安？面对众多的选择，你是否总是无所适从，很难下定决心？在回答这些问题的时候，如果你有三个以上的答案都是肯定的，那么，显而易见，你是一个对外部环境非常敏感的人，你很容易受到外物的影响。

那么，接下来你要做的就是学会冥想，为自己建立一个强大的心灵屏障，学会从淡定的生活态度中获取能量。这样一来，外界的消极情绪、负面能量就不能轻而易举地影响到你，从而，你可以更加平静地生活、工作，变得更加从容淡定。

其实，在这个方面人们应该像新生婴儿学习，虽然他们每天都无所事事，除了吃喝拉撒睡，就是自言自语，但是他们丝毫不会觉得枯燥，更不会着急、焦虑。究其原因，是因为婴儿的心灵非常纯净，就像一张白纸，他们所有的注意力都集中在着急的身心之上。那么，怎样才能使自己更加专注、淡定呢？首先要学会放空，让自己专注于身心。那么，什么叫放空？假如把人们的大脑比喻成一个容器，放空就是把这个容器中使你焦虑不安的事情都忘记，或者把那些使你紧张得夜不能寐的情绪统统释放出去，取而代之的就是淡定、豁达。

只有放下，才能迈着轻盈的步子前行

我们都知道，执着是一种良好的品质，是认准了一个目标不再犹豫坚持去执行，无论在前进中会遇到任何的障碍，都决不后退，努力再努力，直至目标实现。历来，执着都被人公认为一种美德，然而，过分执着就变成了固执，这是一种弊病。固执的人之所以固执，是因为他们对于自己要做的事心存执念，他们认准了目标后便不再回头，撞了南墙也不改变初衷，直至精疲力竭。

因此，有时候，要想重新审视自己的行为，你就首先必须放下那些无谓的执念。只有先学会放下，我们才能不断向上。

《佛经》中曾经记载了这样一个故事：

一个人前来拜祖，他双手持物，准备献给如来佛祖。

佛说："放下。"他便将左手之物放下。

佛又说："放下。"他只好又将右手之物放下。

可佛还是说："放下。"两手空空的他大惑不解。

佛终于微笑着说："放下你的执念。"

俗话说，拿得起，放得下；反过来理解放得下的人，才能拿得起；该扔的扔，有些无谓的坚持是没有任何意义的。放下既是一种理性的决策，也是一种豁达的心胸。当你学会了放下，你就会觉得，你的人生之路会宽广很多。

在《郁离子》里也有一个故事：

一个年轻人走在路上时，遇到了一位年长者，年长者眼泪婆娑。年轻人感到很好奇，便上前去问："老人家，您为什么会这么悲伤啊？"

老人抬了抬头，然后诉苦道："我真是命苦啊。少年时，我听说国王喜欢与武者为友，于是我便拜了一位武者为师，可是当我学成之后，这个皇帝已经驾崩了。后来，我又听说新皇帝喜欢与文人交往，于是，我又拜了个秀才为师，然而，待我学成后，皇帝又喜欢与少者为友，而我那时已两鬓斑白。就这样，我最后一事无成。现在我走在街上，忽然想起了这些经历，所以才在此痛哭啊！"

这位老者文武俱通，不可不谓是个人才，但他却不懂得放下，因此到最后一事无成。事实上，人的生命毕竟是有限的，有时候，我们对于某些目标的达成也都是幻想，是不可能实现的，如果你把你毕生的时间都花在了坚持那些无谓的执念上，那么，当你年迈之时，只能悔之晚矣，而学会放下那些执念，你才可能充足人生，迎来新的人生。

人的一生，不可能什么都得到，相反，有太多的东西需要我们放弃。

爱情中，强扭的瓜不甜，放手的爱也是一种美；生意场上，放下对利益的无止境的掠夺，得到的是坦然和安心；在仕途中，放弃对权力的追逐，随遇而安，获得的是一份淡泊与宁静。

古人云：无欲则刚。真正的放下，才是一种大智慧、一种境界。因为不属于我们的东西实在太多了，只有学会放弃，才能给心灵一个松绑的机会。表面上看，放下了就意味着失去，所以是痛苦的，然而，如果你什么都想要，什么又都不想放下，那么，最终你什么都得不到。人生苦短，无非几十年，有所得也就必有所失。只有我们学会了放弃，我们才会拥有一份成熟，才会活得坦然、充实和轻松。

从前，有甲乙两个人，他们生活的十分窘迫，但两人关系却很要好，经常一起上山打柴。

这天，他们像以往一样上了山，走到半路，却发现了两大包棉花。这对于他们来说，可以说是一大笔意外之财，可供家人一个月衣食丰足。于是，两人各自背了一包棉花，赶路回家。

在回家的路上，甲眼前一亮，原来他发现了一大捆上好的棉布，甲告诉乙，这捆棉布可以换更多的钱，可以买到更多的粮食，应该换作背棉布。而乙却不这么认为，他说，棉花都已经背了这么久了，不能就这么放弃了，乙不听甲的话，甲只好自己背棉布回家。

他们又走了一段路，甲突然望见林中闪闪发光，走近一看，原来是几坛黄金，他高兴极了，心想这下全家的日子不用愁了，于是，他赶紧放下肩上的布匹，拿起一个粗滚子挑起黄金。而此时，乙仍是不愿丢下棉花，并且他还告诫甲，这可能是个陷阱，还是不要上当了。

乙不听甲的劝告，只好自己挑着黄金和乙一起赶路回家。走到山下时，天居然下起了瓢泼大雨，两人都湿透了。乙更是叫苦连天，因为他身上背的棉花吸足了雨水，变得异常沉重，乙不得已，只能丢下一路辛苦舍不得放弃的棉花，空着手和挑黄金的甲回家去。

故事中的这两位村民为什么在收获上会有如此的不同？很简单，因为

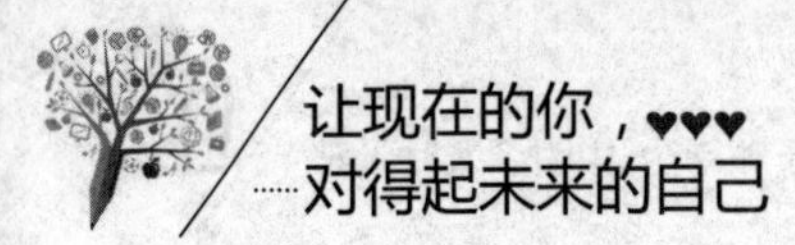

背棉花的村民不懂变通，只凭一套哲学，便欲强度人生所有的关卡。而另外一位村民则善于及时审视自己的行为。的确，在追求目标的路上，审慎地运用您的智慧，作最正确的判断，选择属于您的正确方向。同时，别忘了随时检视自己选择的角度是否产生偏差，适时地进行调整，千万不能像背棉花的村民一般，时时留意自己执着的意念是否与成功的法则相抵触，追求成功，并不意味着你必须全盘放弃自己的执着，去迁就成功的法则。只需你在意念上做合理的修正，使之契合成功者的经验及建议，即可走上成功的轻松之道。

其实，生活中的我们也应该想一想，我们是否也心怀执念而让自己钻入了死胡同。坚持多一点就变成了执着，执着再多一点就变成了固执。人应该执着，但不应该错误地坚持一种想法，有时候，你可能没意识到的是，你坚持的想法是虚妄的。因此，我们应当学会放下，找到新的出路，重新审视自己的生活。

古人云：鱼和熊掌不能兼得。如果不是我们该拥有的，那么我们就得学会放下。人生注定要经历多姿多彩的风景，唯有放下具有别致的风韵。过去常听人说，人要懂得放弃。放弃是对事物的完全释怀，是一种高妙的人生境界。而放下则更具有一丝丝缕缕的难舍情怀，是一首悠扬的乐曲，在每个人的心底奏起。

总之，在我们的人生中，执着固然是可取的，但是某些执念必须放下，比如，那些已经被得知的或者求证、已经板上钉钉儿的不可能成为现实的目标，你就必须果断地放弃；在现实世界中完全不能被应用的目标，你也必须理智地放弃；权衡利弊之下，得出的结论是完全没有实施的必要的目标，你也必须放下……

别让自己败给自己的贪婪

我们都知道，人的精力是有限的，我们只有懂得舍弃，做最适合自己的事，才能身轻如燕地前行。其实，我们在生活中，经常会面临很多选择，而有选择，自然就会有放弃。因为鱼与熊掌不可兼得，那么，哪个会被你忍痛割爱？人生旅途中，经常会遇到三岔路口，何去何从？

对此，我们始终要记住的一点是，这个世界的每一个角落里，都长满了诱惑。各种各样的诱惑像空气一样，无所不在，无孔不入。我们只有始终告诫自己别贪婪，才能找到自己的位置，才不会迷失自己。

有这样一个很有趣的故事：

在仙雾缭绕的山中，有一位仙子，她有伟大的神力，可以决定什么花开成什么颜色、什么样子。

有一朵蓓蕾，它非常美丽，很受仙子喜爱，仙子给了它优先选择颜色的特权。然而，令仙子失望的是，蓓蕾因为选择太多，又一直拿不定主意。在花季过了之后，仙子在山谷中发现了她——一朵未及开放便枯死了的蓓蕾，只是因为她选择太多却始终无法作出选择。

这朵蓓蕾为什么最终会凋谢？就是因为它什么都想得到，最终错过了花期。其实，我们人类何尝不再重复着这样的悲剧呢？

的确，很多时候，我们遇到的选项都是非常具有诱惑力的，但却不能同时拥有。在选择上，我们往往会斤斤计较，患得患失，优柔寡断。由于在矛盾中停留太久，什么都想得到，最终却什么都没得到。生活的辩证法就是如此。我们知道，有得就有失，有失也有得，得与失是矛盾的统一体。在鱼和熊掌不可兼得时，你必须有取有舍。取就必须舍，舍了才能取。例如，要成功就必须放弃享乐；选择家庭的同时就得放弃单身生活的很多自由空间；选择内心平静的同时就得放弃对权力和金钱的追逐。

人的一生中，总要面对各种选择。很多时候，还必须对遇到的多种可能作出单项选择。例如，未婚时遇到了两个以上令自己心动的异性；有了幸福家庭后却又发现了让自己更为心仪的目标；毕业生选择就业时遇到两份同样待遇丰厚、前景良好的工作；购物时，琳琅满目的商品哪样都令人爱不释手等。当遇到多个选项、鱼和熊掌又不可兼得的时候，你有能力和魄力作出明智正确的抉择吗?

选择是一门看似简单却十分有讲究的艺术。人的一生，就是一个不断进行选择的过程。选择的正误和效率，是一个人价值取向、思想水平、道德意识和判断能力的综合反映。

一些看似无谓的选择其实是奠定我们一生重大抉择的基础，古人云："不积跬步，无以至千里；不积小流，无以成江海"，无论多么远大的理想，伟大的事业，都必须从小处做起，从平凡处做起，所以对于看似琐碎的选择，也要慎重对待，考虑选择的结果是否有益于自己树立的远大目标。

有选择就必须要放弃，而放弃，对每一个人来说，都是一个痛苦的过程，因为放弃、意味着永远不再拥有，但是，不放弃，想拥有一切，最终你将一无所有，这是生命的无奈之处。如果你不放弃眼前的热烈，就无法享受花前月下的温馨……生活给予我们每个人都是一座丰富的宝库，但你必须学会放弃，选择适合你自己应该拥有的，否则，生命将难以承受!

生活中，每个人都有着不同的发展道路，面临着人生无数次的抉择。当机会接踵而来时，只有那些树立远大人生目标的人，才能作出正确的取舍，把握自己的命运。树立了远大目标，面对人生的重大选择就有了明确的衡量准绳。孟子曰：舍生取义，这是他的选择标准，也是他人生的追求目标。

在面临选择时，我们必须清醒地知道，我们需要什么，哪些才是对自己最重要的，哪些才是最适合自己的。

一位笃信佛陀的人走到了悬崖时，不小心脚下一滑，从高处跌入深谷，所幸抓住了一根树枝。他极其虔诚地求佛陀挽救自己。佛陀真的显灵了。佛陀让他放下手中的树枝，可是那个人却不肯放下，继续把树枝抓得很紧很紧。佛陀摇了摇头说：你不肯放手，任谁也救不了。

山神指引两个穷人到了一个巨大无比的宝库中。进门前，山神叮嘱他们，宝库开启的时间很短，拿到想要的财宝就赶快出来。其中一人进去后，拿了两块黄金就出来了。可另外一人看到里面耀眼的财宝，什么都想要，不知道该拿什么好，正犹豫间，宝库的大门紧紧地关闭了。

可见，有些选项看似诱人，但如果不适合自己，那就要果断舍弃。作出什么样的选择，要视自身条件和具体情况而定，要有主见，不能人云亦云。

有时候，我们选择的似乎只是如何处理问题的方式方法，但实际却也是在对自己的人品、人格作出选择。选择必须考虑到社会效益，不能因一时之快或蝇头小利而失去做人的道德、良心和他人的信任。

总之，人生的大多数时候，无论我们怎样审慎地选择，终归都不会尽善尽美，总会留有缺憾。但缺憾本身也是一种美。我们不妨想想，就连权倾天下的统治者都无法拥有天下所有的最美，何况是常人？既然作了选择就不要再后悔。只要是最适合自己的，就是明智、理性和智慧的选择。

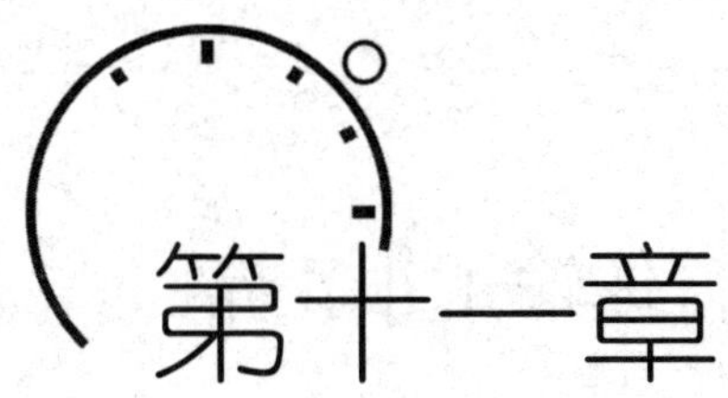

第十一章

知晓进退，躲过陷阱人生才能一帆风顺

生活中的任何一个人，从进入社会的那一刻起，我们就要学会如何做人、做事，凡事都要多思考，要懂进退，因为与人相处都有一定的规则，而且，并不是所有人都会以真面目示人，我们很可能因为自己无心的话语或行为而招来灾祸，你回想一下，是否曾经因为一句无心的话而得罪了别人？你是否因太相信别人而被人伤害？你是否……如果你曾有这些经历，那么，你就要从现在开始，说话、做事之前都要多思考，想想自己是否留了退路，只有这样，你才能躲过陷阱，在以后的人生道路上，你也才能走得一帆风顺。

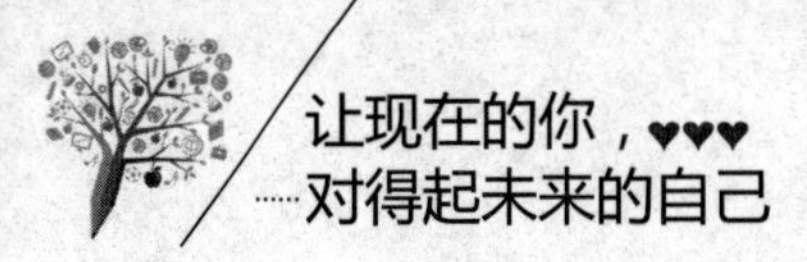

骄傲自大者，你输了很正常

任何一个人都知道，自信就是自己信得过自己，自己看得起自己。别人看得起自己，不如自己看得起自己。美国作家爱默生说：“自信是成功的第一秘诀。”又说：“自信是英雄主义的本质。”人们常常把自信比作发挥主观能动性的闸门，启动聪明才智的马达，这是很有道理的。确立自信心，就要正确地评价自己，发现自己的长处，肯定自己的能力。但在很多时候，自信与自负只有一线之差，自信的人给人好感，自负的人令人厌烦。同时，自负者在心理上也会有更多的压力，因为他们在内心会告诉自己，一定要兑现自己许下的诺言，而结果常常事与愿违。

曾经听过这样一个故事，很有启发，无论你多么强大，多么成功，只要心中被骄傲占据，那么你离失败也不远了。相反，那些谦卑、成功的人一般都善于倾听各方面的意见、进行周密的思考并归纳出哪些事物可行、哪些事物不可行的一套完全属于他自己的见解。在思考问题的过程中，他会考虑到“得失利弊”、会考虑到“差之毫厘、失之千里”“真理若往前再跨越一步就是谬误”……这些细微的甚或为一般人所考虑不到的问题。他的最大特点就是善于倾听各方面的意见和建议，敢于坚持真理。

我们要记住，无论何时都要保持清醒的头脑，只有这样，你才会稳扎稳打，做好积累，充实自己，走好人生的每一站。

另外，我们也都知道，没有人喜欢那些自我膨胀和趾高气扬的人，如果你骄傲自大，你就不会获得友谊和他人的认可。

彤彤毕业后就进入了现在的出版社工作，因为刚出学校不久，什么经验都没有，于是，她虚心学习，也很会说话，所以，平时在单位里上上下下关系都不错，很快，就得到了主编的器重，将一本图书的编辑工作权全权交给了彤彤。

毕竟是文学专业出身，彤彤的写作能力还是很不错的，她的这本图书居然在全国图书评选中获了大奖。对于一个新人来说，这真是莫大的荣誉，为此，她感到十分得意，逢人便提自己的努力与成就。同事们当然也向她祝贺。时间慢慢过去，后来，彤彤发现了一些蹊跷：单位同事，包括她的上司，似乎都在有意或无意地与她过意不去，并回避着她。

彤彤不明白自己哪里做错了，平时什么小事她还是抢着做，对同事、领导也是恭敬有加。苦思冥想后，她才恍然大悟，原来她犯了“独享功劳”的错误。想到这一点后，她也觉得自己做得有点过了，事实上，这本书之所以能得奖，主编的贡献当然很大，但这也离不开其他人，比如同事的帮助。想到这一点以后，第二天，彤彤就在办公室说：“今天晚上我请客，大家都要来，感谢大家这些天来一直帮我的忙，我是后辈，以后有什么不懂的地方，还要麻烦各位前辈了！”大家都答应了彤彤的邀请，自从这件事后，大家对待彤彤似乎又和以前一样热情了。

彤彤在认识到自己的失误之后做法是正确的。刚开始，她的同事之所以会孤立她，就是因为他们认为彤彤有了成绩后就开始得意起来，对于这样的人，他们自然会心生芥蒂。但庆幸的是，她很快认识到了这一点，便又重新融入到同事中去了。

生活中的人们，可能你也没有认识到这一点，但如果你太过自负，时间一长，当然会使得别人不舒服，他们甚至不愿意与你交往。可能你也会和案例中的彤彤一样，内心并没有自我膨胀，但有时人与人之间会因认知观点不同，在别人看来，你的一些举动就成了自负。

可见，自信固然可贵，但如果自信过了头，成为一种自负与狂妄，那就确实不讨喜。生活中，那些自大的孩子往往不屑于与别人交往，心胸变得很狭窄。他们虽能取得一定的成绩，但往往只满足于眼前取得的成绩，而且他们看不到别人的成绩。因此，他们只有改正自大的性格弱点，才能看清别人，从而博采众家之长。

上帝阻挡骄傲的人，赐恩给谦卑的人，如果你也是一个爱骄傲的人，就从现在开始审视自己，改变自己，做一个谦逊的人，一个能够忍耐喜悦冲动，奋发向上的人。

可见，做人要信心十足，但不等同于自高自大、自我浮夸，只有抱着谦卑的态度，你才能不断进步！

适时退一步，凡事别想着占便宜

古往今来，人们都强调竞争的重要性，敢于争取。勇于竞争，才能为自己赢得一席之地。尤其是在当前的社会转型期，市场经济条件下的竞争已呈现在社会的每个角落，人际间的竞争结果往往与人们的生存质量息息相关。然而，我们也看到了一味的竞争对人际关系带来的一些负面影响，此处充满杀机，着实会使人草木皆兵。如果我们能做到“淡泊名利”，不与人争抢，并加强合作，进而弱化竞争，今天你成他人之美，那么，明天他人也会成你之美，多一份信任和友爱，才会多一份友谊。

以退为进，是一种智慧，会助你不慌不乱地达到目标。举个很简单的例子，当你走在沙漠中，你的食物和水都没了，而你也不知道放下，此时，你可能会心慌意乱，这就是为什么有些人会死在沙漠中。倘若能冷静下来，借助星辰找准方向，朝着一个方向走，结果会大不一样。

美国第三任总统杰斐逊与第二任总统亚当斯从交恶到宽恕也是这个道理的显现。

杰斐逊曾是美国总统，在他就职前夕，他来到白宫，目的想表明自己的立场，也就是想告诉亚当斯说他希望针锋相对的竞选活动并没有破坏他们之间的友谊。

然而，就在杰斐逊准备开口前，亚当斯居然暴跳如雷，说：“是你把我赶走的！是你把我赶走的！”这件事之后，他们好多年都没有往来。

后来有一次，杰斐逊的几个邻居在和亚当斯聊天时，还提到这件事，亚当斯接着冲口说出：“我一直都喜欢杰斐逊，现在仍然喜欢他。”

这些邻居们把这话传给了杰斐逊，杰斐逊便请了一个彼此皆熟悉的朋友传话，让亚当斯也知道他的深重友情。后来，亚当斯回了一封信给他，两人从此开始了美国历史上最伟大的书信往来。

这个例子告诉那些还在为鸡毛蒜皮和朋友老死不相往来的人，为了一些不值一提的小事与人大打出手的人，懂得退让是一种多么可贵的精神！

然而，现实中，我们却常会见到某些人为了一些小事而争论不休，最后不搞个面红耳赤、不可开交决不罢休，人之患在好为人师，与人交往，退后一步，反而更有利于前进，正验证了“无欲则刚，有容乃大”这个道理。

与人交往，凡事争第一，很容易成为众矢之的；而只有低调行事、懂得隐藏自己，即使吃点亏，你也赢得了人心，那么你自然就是别人眼中的“好人”，拥有了好人缘，荣誉和信任必将接踵而至。

那么，我们该如何做到退一步呢？这需要我们站在他人的角度来思考问题，或者多想想这件事情所带来的好处，凡事都有它的两面性。

其实，生活中有很多事都是我们无法掌控的。大家都想占便宜，又哪里有那么多的便宜让人来占呢？保持一颗平常心，吃得起亏，也许真的会成为人生的一大幸事。在现代交际中，我们也要学会和忍耐包容，即使自己吃点亏，也是一个很好的交际方法，这会让我们在对方眼里变得豁达、宽厚，让我们获得更深的友谊。这当然会使对方更心甘情愿帮助我们，为我们做事。

可能你会发出这样的疑问，万一对方有意与自己较量，又该如何？此时，你不妨装装傻，选择沉默！因为聋哑之人是不会和人起争斗的，因为他听不到也说不出。对方也不会找这种人斗，因为斗了也是白斗。对方如果还一再挑衅，只会凸显他的好斗与无理取闹，因此面对你的沉默，这种人多半会在几句话之后就仓皇地且骂且退，离开现场，如果你还装出一副听不懂的样子，那么更能让对方败走！

当然，退让，也不是一味忍让，而是为了实现双赢。《将相和》的故事中，蔺相如一而再再而三地忍让着廉颇，终于使廉颇认识到自己的错误，使自己和廉颇都能各尽其用，使赵国繁荣昌盛。李嘉诚不贪小利，对于失败的竞争对手，他并没有死追穷打，留条财路给他人，最终成为亚洲第一富豪。以退为进，不仅为自己，也为了别人。

另外，退让并不代表默默承受别人的侮辱，而是一种大智若愚。对所遇到的事情，多用眼睛去看，多用耳朵去听，多用脑袋去思考；也不代表没有自己的意见，而是谨慎地作出结论，用不着把所有的都展示在大众的眼前。总之，与人交往，遵循“闭上嘴巴，默默地充实自己”的原则，这才会多一份深度，少一些冲动；多一些涵养，少一些抱怨！

总之，我们不能为了竞争而竞争，有些竞争是必须的，有些竞争是可以放弃的，该放手的时候就放手。放弃是一种智慧，是一种豪气，是更深层面的进取。学会放弃，才能卸下人生的种种包袱，轻装上阵，迎接生活的转机，度过风风雨雨；懂得放弃，才能拥有一份成熟，才会更加充实、坦然和轻松。今天我们成他人之美，明天他人就会成我之美。世界是一个和谐的世界，成人之美是这个和谐世界的最美乐章。

显山露水，不如韬光养晦

现代社会，无论是商业还是政治或者是其他活动中，似乎都存在一些竞争对手。面对竞争对手，人们可能会不自觉地卖弄自己的才华，或者与对手针锋相对，而实际上，如果你着实比对手优越，能在竞争中胜出倒也无妨，但如果对方胜出，那么无异于打了自己的嘴巴。而一个真正有实力和梦想的人不会把自己的那点小才能挂在嘴上，宣扬自己的本事，即使当别人试探他时，他也会巧用转移话题的办法避开对方的注意力，从而隐藏自己的真实想法，为自己赢得更多的时间和空间来达到自己的目标。这是一种大智若愚的处世智慧。因此，在与对手较量中，如果我们的力量不足或者遭到对手“逼供”，不妨采取这一办法，避开对方的锋芒。

一天，曹操邀请刘备来喝酒。

酒酣之际，曹操心血来潮，便问刘备：“你说这年头谁是英雄？”

刘备自然认为自己就是一世枭雄，但此时，却万不能表明心迹，说了会有性命之忧，于是，他只好与曹操打起了酒官司，顾左右言其他。谁知道，刘备说了半天话后，曹操倒不耐烦了，就直接说：“别绕了！这年头真正的英雄人物就是你跟我。”

此时，天上一声巨响——打雷了，刘备居然吓得筷子都掉地上了。曹操纳闷，便问：“怎么啦？”

刘备赶紧把筷子拾起来，然后顺口说了句：“这么大的雷，吓死我了。”曹操哈哈一笑：“大丈夫怎么可以怕雷呢？”刘备赶紧接口：“孔子是圣人，他也怕打雷，别说我了。”

此时张飞和关羽两人怕曹操会杀刘备，闯了进来。见刘备没事，关羽连忙掩饰说自己来舞剑助兴。

曹操说：“这又不是鸿门宴。”然后斟酒让他们压惊。后来三人一起出来，刘备说：“我在曹操的地盘上天天种菜，就是要让他知道我胸无大志，没想到刚才曹操竟说我是英雄，吓得我筷子都掉了。又怕曹操生疑，所以我就说自己怕打雷掩饰过去了。”关羽和张飞佩服得不得了。

可以说，放走刘备，是曹操一生中最大的错误，因为曹操已经一眼看出刘备是当时真正的英雄。曹操甚至说了这样的话：“今天下英雄，唯使君与操耳！”这句话是载入史册的。而曹操“煮酒论英雄”，也只是为了试探刘备有无称雄的志向，刘备自然心知肚明，他就是担心曹操把他当作对手，就是怕曹操把他当作英雄。如果那样，刘备不但不能为他日成就自己的伟业招兵买马，甚至可能会丧失性命，于是在曹操追问他谁是天下英雄时，他假装糊涂，处处设防，甚至用一些其他人物来搪塞，比如袁绍、袁术、刘表等。以刘备的胸怀，这些碌碌无为之人，又怎么能入他的眼睛？而这些搪塞之语都被曹操寥寥简略的评价一一驳回，针针见血。而从心理角度说，刘备称自己害怕打雷，正是让曹操认为刘备是胸无大志的人，从而放走刘备，为刘备的崛起做了最初的工作。

无独有偶，将韬晦之术运用自如的除了刘备外，还有唐朝开国皇帝李渊。

隋朝到隋炀帝年间，皇帝已经十分残暴，人民越来越忍受不了隋炀帝的暴行，于是，纷纷起义，甚至出现很多官员倒戈的现象，转向农民起义军，因此，隋炀帝的疑心很重，对朝中大臣，尤其是外藩重臣，更是易起疑心。唐国公李渊曾多次担任中央和地方官，所到之处，悉心结识当地的英雄豪杰，多方树立恩德，因而声望很高，许多人都来归附他。这样，大家都替他担心，怕遭到隋炀帝的猜忌。

正在这时，隋炀帝下诏让李渊去行宫觐见。而李渊此时正生病卧床，根本无法前往，隋炀帝很不高兴，产生了些许怀疑。当时，李渊的外甥女王氏是隋炀帝的妃子，隋炀帝向她问起李渊未来朝见的原因，王氏回答说是因为病了，隋炀帝又问道：“会死吗？”

王氏把这消息传给了李渊，李渊更加谨慎起来，他知道迟早会被隋炀帝所不容，但过早起事又力量不足，只好隐忍等待。于是，他故意广纳贿赂，败坏自己的名声，整天沉湎于声色犬马之中，而且大肆张扬。隋炀帝听到这些，果然放松了对他的警惕。这样，才有后来的太原起兵和大唐帝国的建立。

李渊的做法是典型的韬晦之术，假如李渊当初不是自毁声誉、低调做人，而是怒火中烧或者起兵的话，恐怕会在实力悬殊、时机不成熟的情况下失败，也就不会有后来造福于黎民百姓的大唐盛世。

同样，现实生活中，我们与他人竞争，无论说话、做事都不可狂妄，要尽量放低自己的姿态，让对方感觉到你已经示弱了。

其实，这不仅是一种大智若愚的智慧，更是一种自我保护术，的确，直言直语、做事不经过思考是一个人致命的弱点，也会让你在对手面前暴露无遗，当对方了解你的真实想法以后，便会对你大加防备甚至刻意与你为敌，可能你在吐露心声的时候，的确没有任何顾虑，只看到现象或表面，也只考虑到自己的“不吐不快”，可是，当你想到你的这句不经意的话而给自己带来困扰时，你还会无所顾及地说话吗？“枪打出头鸟”，太过嚣张会成为众矢之的，因为通常情况下，人们都会对那些对自己构成威胁的人采取措施。而隐藏自己、避其锋芒，才会保存自己。

择善而行，适时调整方向

一直以来，中国人都比较推崇坚持的精神，人们常说：“坚持就是胜利”，古代郑板桥也说“咬定青山不放松，任尔东西南北风”。诚然，我们不得不承认一点，那些成功者之所以成功，很大程度上是因为他们有锲而不舍的精神，但并不是所有的坚持都会迎来胜利，错误的坚持有时就是一种自欺。在这个世事难料的世界，种种的原因都可能会制约着其梦难圆，很多时候，当这条路行不通的时候，与其错误地坚持下去不如明智地放弃，然后另选一条捷径。有这样一则小故事：

在印度的热带丛林里，人们捕捉猴子的房子是奇特的。

人们先安置一个固定的小盒子，然后在里面放上猴子爱吃的食物，而盒子并不是敞开的，而是在上方开一个小口，正好可以让猴子把前爪伸进去，而贪吃的猴子肯定会把爪子伸进去，结果，它的爪子就拿不出来了。

人们常常用这种方法捉到猴子，因为猴子有一种习性：不肯放下已经到手的东西。

人们总会嘲笑猴子的愚蠢：为什么不松开爪子放下坚果逃命？实际上，我们人类又何尝不是如此呢？

现实生活中，很多人都和猴子一样，他们往往把目光盯在那些虚无缥缈的东西上，而且还拼命地去争取，甚至不顾后果。其实，有时候，懂得放弃才能找到新的出路和机遇。对此，美国电话电报公司前总经理卡贝提出：放弃是创新的钥匙。这就是著名的卡贝定律，这一理论教会人们：在未学会放弃之前，你将很难懂得什么是争取。

智者总是择善而行，懂得适时地放弃。坚持真理是人们所称颂的，但不辨是非、坚持错误做法的行为是愚蠢的。如果一个人总是错误地对一切进行坚持，最终将会使一切变得“冷漠”向前走。最终留下的将是难过与后悔。错误的坚持是愚蠢的。

从前，有一位潜心布道的神父。

这天，他按照计划来到一个小村庄，他走进了教堂，准备为这里的人祈祷。但突然下起了大雨。不到几个小时的工夫，洪水就淹没了整个村庄，教堂也没有幸免。

他发现，洪水已经淹没了他的膝盖。村里的警察很快赶来了，并让他赶紧离开教堂，但神父却固执地说：“不，我不走！我坚信仁慈的上帝一定会来救我的，你先去救别人吧！”

过了一会儿，水越来越深了，已经淹没了神父的腰部，神父只好站在椅子上继续祈祷，这时，有几个救生员划着船在教堂外大喊“神父，赶快过来，我们救你走”！神父还是执着地说道：“不，我要坚守着我的教堂，相信慈悲的上帝一定会将我从洪水之中救出去的。你赶快先去救别人吧。”

又过了半个小时，整个教堂完全被洪水淹没了，神父只好爬到十字架上，在滚滚的洪水中坚持着。这时候，一架直升飞机缓缓地飞到了教堂上方。飞行员放下悬梯，大喊道：“神父，快上来吧，这是最后的机会了，

我们可不愿意看到你被洪水冲走！”神父依然意志坚定地说：“不，我要守住我的教堂！上帝绝对会来救我的。你去救其他人吧。上帝会永远与我同在！”

固执的神父最终也没有逃脱被滚滚洪水冲走的命运……

死后的神父还是有幸到了天堂，他质问上帝，为什么不来救他？上帝回答道：“我怎么不肯救你了？你忘记了？第一次，我派人劝你离开那危险的地方，可是你却坚决不肯；第二次，我派了一只救生艇去救你，但你还是一意孤行不肯离开；第三次，我以对待国宾的礼仪待你，又派了一架直升飞机去救你，结果你还是不愿意接受我的救助。是你自己太固执了，总是不肯接受别人的救助，我在想，你是不是太想见到我了，那么，我就成全你吧。”神父顿时哑口无言。

这个故事告诉我们，错误的坚持是不可取的，在人生的旅途中经常会遇到许多分岔口，与其盲目地前行，不如在适当的时候停下来想一想，什么才是自己的需要，什么能使自己更快地走向成功。选择是人生成功道路上的必备路标，只有量力而行的明智选择才会拥有辉煌的成功，然而那些错误的坚持是要不得的。就像故事中的神父一样，本来有三次求生的机会，但是就因为他的错误坚持，最后把这些机会都放弃了。

与其错误地坚持下去不如明智地放弃，然后另选一条捷径。当然，这需要我们学会准确地定位自己，认清自己，看到自己的价值，然后懂得适时放弃错误的选择，那么，你就能充分挖掘到自己的内在动力，再朝着正确的方向努力，你就会做回自己，充分发挥自己的价值。

不能否认，坚持到底一直都是成功者对我们的忠告，这也是他们成功的秘诀之一，然而，假若出现在我们面前的是一条完全走不通的路，那么，我们绝不可一条道走到黑，这时，放弃这个错误坚持则更加重要，然后再作明智的选择，行走另外一条路。因为天无绝人之路，上天在关掉一扇门的同时，也会为你再开一扇窗，所以，错误的坚持我们绝对不提倡，灵活应变，才更易达到目标。

总之，对于那些错误的坚持该放手时就要明智地放手。对于一件没有结果的事情过于坚持是错误的坚持，明知道这是一条死胡同，却还要继续往前走，面对的也许只有痛苦与浪费时间。

立足长远，做人做事要懂分寸、知进退

中国几千年的文化中，一直强调儒家的中庸之道，其精髓是“不偏不倚”“过犹不及”的思想。说到底也是分寸的问题。无论是做人还是做事，无不渗透着分寸和火候的掌握。敢想敢干、当断则断是一种气度，脚踏实地步步为营则是必要的策略。为人处世要讲分寸，拿捏得好，水到渠成，拿捏不好，前功尽弃。

春秋时候，晋献公听信谗言，杀了太子申生，又派人捉拿申生的异母兄长重耳。重耳闻讯，逃出了晋国，在外流亡十九年。

经过千辛万苦，重耳来到楚国。楚王认为重耳日后必有大作为，就以国君之礼相迎，待他如上宾。

一天，楚王设宴招待重耳，两人饮酒叙话，气氛十分融洽。忽然楚王问重耳：“你若有一天回晋国当上国君，该怎么报答我呢？”重耳略一思索说：“美女侍从、珍宝丝绸，大王您有的是，珍禽羽毛，象牙兽皮，更是楚地的盛产，晋国哪有什么珍奇物品献给大王呢？”楚王说：“公子过谦了，话虽然这么说，可总该对我有所表示吧？”重耳笑笑回答道：“要是托您的福，果真能回国当政的话，我愿与贵国友好。假如有一天，晋楚两国发生战争，我一定命令军队先退避三舍（一舍等于三十里），如果还不能得到您的原谅，我再与您交战。”

四年后，重耳真的回到晋国当了国君，就是历史上有名的晋文公。晋国在他的治理下日益强大。

公元前633年，楚国和晋国的军队在作战时相遇。晋文公为了实现他许下的诺言，下令军队后退九十里，驻扎在城濮。楚军见晋军后退，以为对方害怕了，马上追击。晋军利用楚军骄傲轻敌的弱点，集中兵力，大破楚军，取得了城濮之战的胜利。

这就是“退避三舍”的故事，以退为进，然后诱敌深入，从而给自己留下了主动出击的后路，获得最后的成功。这个故事告诉我们要懂得进退，进退自如。狭路相逢勇者胜，人生之路也是如此，若是自己退一步让人先走，那么自己也就相当于有了两步的余地，可以轻松走路。这种做法明为退，实为进，是一种比较圆滑的做法。

可见，懂得减速和停止，是人生的一种境界。有时候，一味地追求高速度并不能达到目标，因为用了太大的冲劲，就能招致太大的损伤。这是必然的，或许就是因为有了喘息的机会，才有足够的体力进行下一步的飞跃。

当然，做人做事除了要懂得退让以外，还必须掌握分寸，掌握分寸是为人处世的普遍规则，是获得好人缘的第一准则。为此，我们首先要懂得外圆内方。

所谓的外圆内方，就是要求我们，对于自己，要有做人之本，有原则，不被他人所左右，也就是“方”；而对外，与人打交道，要圆滑世故，融通老成，能够认清时务，使自己进退自如，游刃有余，也就是“圆”。

做人应当方外有圆，圆内有方。外圆内方之人，有忍的精神，有让的胸怀，有貌似糊涂的智慧，有形如疯傻的清醒，有脸上挂着笑的哭，有表面看是错的对……真正的“方圆”之人，没有失败，只有沉默，是面对挫折与逆境的积蓄力量的沉默。

真正的“方圆”之人是大智慧与大容忍的结合体，有勇猛斗士的武力，有沉静蕴慧的平和，对大喜大悲能够做到泰然不惊；行动时，干练迅捷，不为感情所动摇；退避时，审时度势，全身而退，能够抓住最佳机会

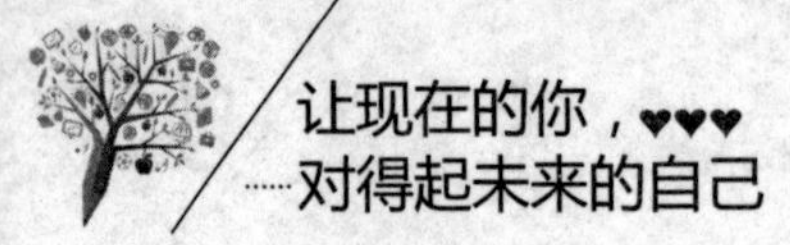

东山再起。

另外，掌握做人的分寸还有一点要求是：能屈能伸，“大丈夫能屈能伸”，也是这个意思。任何一个人，都不可能一帆风顺度过一生，这就要求我们适时调换好“伸”与“屈”。在生活和事业处于困难、低潮或者逆境、失败时，如果能运用“屈”的智慧，往往会收到意想不到的效果。反之，该屈时不屈，一味地去伸，必遭沉重打击，甚至殃及生命，如此我们还有什么资格去谈人生、谈事业、谈未来、谈理想呢？

再者，待人接物也要做到冷热适中。

歌德说过一句话：“世间最纯粹、最暖人胸怀的乐事，莫过于看见一颗伟大的心灵对自己开诚相见。”人际交往中，我们强调要以诚待人，以真性情待人，对一切事物抱有积极热情的态度，这也是为人处世所必需的。比如，你想得到朋友、同事的认可和接纳，就必须首先主动敞开自己的胸怀，讲真话，做实事，以诚相见，这样朋友被你的诚实所感动，内心深处喜欢你，才愿意与你真诚交往。

但是，凡事都有个度的问题，热情也不能过了头，比如涉及朋友的隐私之事，你却不知眉眼高低，非要帮人家忙里忙外，让朋友难为情，既不好拒绝你，又无法谢绝你，搞得非常尴尬。所以，最好的分寸就是冷热适中，不即不离，勿以尊卑亲疏定冷热，这样才有可能使彼此友好的关系保持长远。

最后，最为重要的一点是，做人做事要低调，“出头的椽子先烂”“木秀于林，风必摧之”“直木先伐，甘井先竭”“始作俑者，其无后乎”……这类古训俗语常用来告诫人们，人心叵测，冒尖是要承担一定风险的。我们不妨韬光养晦，不露锋芒，不动声色。因为，风头出尽的人容易遭人妒，容易首先受到攻击。这里并不是要否定那些勇往直前、万事当先的人，只是强调前与后的分寸。

能够真正掌握于分寸之间，是一件非常不容易的事。分寸隐藏于何处，不是触摸出来的，而是体会出来的。要学会把握分寸，必须通人情、晓世故，有修养。把握分寸是人的一种综合素质，是内在涵养与外在经验的集中表现。

与人相处亲密也要“有间”

生活中，不知你是否曾留意过：原本两个关系很好的人，以前亲密无间，不分彼此。可是，没过多久却翻脸为敌，不仅互不来往，甚至反目成仇。为什么会这样，原因很简单，因为他们太过亲近了！

的确，俗话说得好：“距离产生美”，这是一个美学命题，但确有一定的道理。人与人之间虽说有很多的相容性，但必定也是两个单独的个体，是需要一定的个人空间的，如交往双方连一点点个人空间都没有的话，那么时间久了也会生厌，所以这时就需要营造一个距离。所以中国民间就有“小别胜新婚”这一说法，夫妇双方在小别以后有一种迫切渴望重逢的雀跃，当然，这种距离也是有个限度的。

而现实生活中，一些人认为，朋友间就应该亲密无间，可有一天，当和自己形影不离的哥们儿突然远离自己时才明白，原来自己的友谊让对方窒息了；也有一些年轻人，觉得自己和上司的关系非同一般，于是就和上司以哥们儿相称，不注意说话的语气等问题了。其实，这些做法都是非常错误的。与人交往，如果双方之间太了解，太过接近，就会没有一点新鲜感，没有一点隐私。而保持一定距离，雾里看花，水中望月，一切都是那么美好，这就是“距离产生美”。

小米是个很讨人喜欢的姑娘，在办公室和谁都能聊得来，因此，才来新公司几个月的她，就已经成了大家的开心果，但和很多二十几岁的女孩子一样，她也有个缺点，喜欢聊些八卦话题。以前在学校的时候，她就喜欢挖别人的隐私，因此，有朋友说她可以去狗仔队了。刚参加工作的她倒还没显示出这一缺点，因此，某些同事还对她掏心窝子似的说话。

小米所在的部门经理赛琳娜是个三十岁的女强人，但却还没对象。对于公司这个新来的勤快小姑娘，赛琳娜从刚开始就很有好感，有时中午吃饭也邀她一起。在一起吃饭，自然就免不了聊天。小米很骄傲地谈到自己的男朋友，谈完以后，就顺便问赛琳娜：“经理，我看您平时工作那么努力，可得注意自己的身体，女人一到三十岁，不注意保养，可是很容易老的。”听到小米这么说，赛琳娜的脸色马上变了，这不是在说自己老吗？但她也没说什么。可小米一点也不知趣，还继续说：“我觉得，您真该找个男朋友，女人再强，还是要嫁人的呀，不然真的成剩女了。”正说着，赛琳娜的电话响了，赛琳娜马上对小米使了个眼色，就离席去接电话了。小米分明看到赛琳娜的电话显示是董事长。既然是董事长，赛琳娜为什么要避开自己呢？越想越不对劲，于是，小米准备直接问赛琳娜。

当赛琳娜回来后，她问：“刚刚是您男朋友打的电话？”赛琳娜没想到小米会这么直接问，就遮遮掩掩地回答：“没有，一个普通朋友。”看到赛琳娜的态度，小米心里已经有答案了。

于是，自打这件事之后，小米一有时间就去找赛琳娜问这件事，后来，赛琳娜一看到小米就躲开，她心想，这个小姑娘怎么这么讨厌，还是找个机会让她走人吧，不然，她迟早会把自己与董事长之间的关系抖出来。

果然，一个星期后，赛琳娜不动声色地宣布：“我是来向大家宣布一个消息的：刚才总经理开会时说我们要在两个月内裁员两名，我一直在想，我们大家都挺努力的，裁谁好呢？我看就裁那些一天无所事事的吧，毕竟，公司不能拿闲钱去养那些没有能力、只会磨嘴皮子的人。”小米发现大家的目光竟然都一齐对准了她，她什么话也说不出来了。很快，小米就被辞退了，她悔不当初。笑料背后，吃亏的还是自己。

我们发现，故事中的下属小米犯得最大的错误在于，她自以为和上司赛琳娜关系不错，就口无遮拦，连领导的隐私也探寻，让领导觉得很尴尬，最终只能炒了她的鱿鱼。

人与人之间是需要保持距离的。那么，什么是保持距离呢？该怎样保持距离呢？什么样的距离才是最佳距离呢？可能很多年轻人会产生这样的疑问。

所谓的“保持距离”，说到底就是不要过于亲密，不要让对方觉得没有了私人空间，当然，这种距离，不仅仅是形体距离，还包括心理距离。最好的处理效果是要达到形体疏远而心灵愈加贴近。因为“保持距离”能使双方产生一种“礼”，有了这种“礼”，就会相互尊重，避免碰撞而产生伤害。

注意“度”的把握。与人相处，如果距离过大，很容易真正使朋友间的友情变淡。尤其是在日益忙碌的现代社会，人们都为自己的事业和家庭奔波，紧张的工作之余，如果几个朋友一起聚聚能加深感情，但要是彼此都不抽出时间来，即使关系再好的朋友，友情也会逐渐变淡，甚至变成仅仅是数人而已。所以，为了保存你们之间的友情，为了让你的人生不再孤寂，那就遵循这一原则——好朋友也要适度保持距离。

总之，我们要建立良好的人际关系，就要明白人与人之间应该有一定的距离，距离太远，不便于双方之间进行了解，感情容易疏远，距离太近，难免产生矛盾，这就需要我们把握好度，保持适当的、微妙的距离，才能做到既相互了解又相敬如宾，也就是亲密有“间”，那才是最好！

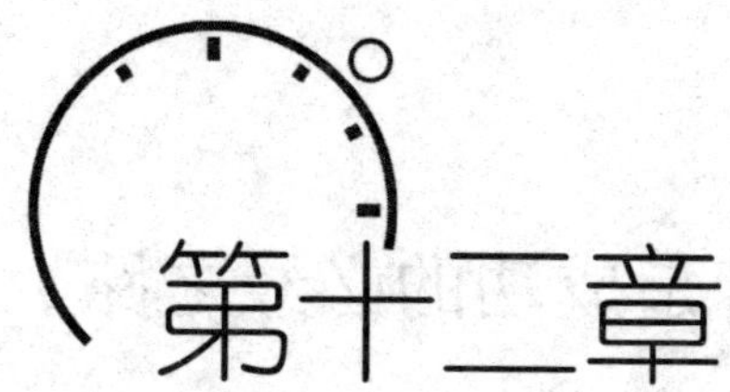

第十二章

承受压力，优秀是在压力下催生出来的

生活中，我们常常抱怨压力太大，压得自己喘不过气来。面对压力，很多人常常会抱怨，会逃避，其实，有压力，才有动力，压力带给我们的不仅仅是痛苦和沉重，还能激发我们的潜能和内在激情，让我们的潜能得以开发。因此，生活中的人们，从现在起，抛却那些无谓的抱怨吧，努力提高自己，战胜困难，才能在时间的无涯荒野里种下自己的理想之树，随着生命的律动，春华秋实。

忍耐枯燥与痛苦是成功的必经之路

在人生的道路上，我们常常会遭受不同的挫折与困难，面对挫折，人们有着不同的理解，有人说挫折是人生道路上的绊脚石，有人却说挫折是垫脚石，所谓“百糖尝尽方谈甜，百盐尝尽才懂咸”。与河流一样，人生也需要经历洗练才会更美丽，经过了枯燥与痛苦之后，才能收获成功的果实。

在哈佛有一句名言：“请享受无法回避的痛苦，比别人更早更勤奋地努力，才能尝到成功的滋味。”自古以来的许多卓有成就的人，大多是抱着不屈不挠的精神，忍耐枯燥与痛苦之后，从逆境中奋斗挣扎过来的。

韩信是淮阴人，还未成名的时候，他只是一个平民百姓，贫穷，没有好品行，不能够被推选去做官，不可以做买卖维持生活，经常寄居在别人家里吃闲饭，因此受到人们的嫌弃。他曾多次前往下乡南昌亭亭长处吃闲饭，并在那里连续吃了好几个月，亭长的妻子很嫌弃他，就提前做好了早饭，端到内室的床上去吃。开饭的时候，韩信去了，却不给他准备饭菜，韩信也明白他们的用意，一气之下，就告辞而去，不再回来。

有一次，韩信在城下钓鱼，有几个老大娘在漂洗涤丝绵，其中一位大娘看见韩信饿了，就拿出饭给韩信吃。几十天都这样，给韩信送来饭菜，直到这位大娘将所有的涤丝绵都漂洗完了。韩信感到很高兴，对那位大娘说：“我一定重重地报答您老人家。”大娘生气地说：“大丈夫不能养活自己，我是可怜你这位公子才给你饭吃，难道是希望你报答吗？”

还有一次，淮阴屠户中有个年轻人侮辱韩信说：“你虽然长得高大，喜欢带刀佩剑，其实是个胆小鬼罢了。”又当众侮辱他说：“你要不怕死，就拿剑刺我；如果怕死，就从我胯下爬过去。”于是，韩信自信地打量了他一番，低下身去，趴在地上，从他的胯下爬了过去。满街的人看见了，都嘲笑韩信，认为他胆小。

后来，韩信先是跟随项羽，后追随刘邦，成为刘邦麾下的杰出大将，即时再回忆之前的胯下之辱，那不过是忍辱负重，这样才有了后来功成名就的韩信。

或许，别人都耻笑韩信懦弱，但韩信本人却不以为耻。实际上，当时，韩信绝不是不敢刺他，而是因为韩信胸怀大志，不愿与小人多生是非，如果一剑将那个屠夫刺死了，自己难以逃脱。因此，他甘受胯下之辱，他知道“小不忍则乱大谋”的道理，暂时忍下，等待一个可以施展自己一身才华的机会来临。

有本书上曾经这样说：“能够忍受孤独的，是低段位选手；能够享受孤独的，才是高段位选手”。诚哉斯言！不同的人生态度，成就了不同的人生高度。忍耐正是一种崇高的人生境界，古人曾作的“百忍歌”中有这样的句子“忍得淡泊养精神，忍得勤劳可余积，忍得语言免是非，忍得争斗消仇冤”。忍耐不是软弱，反而是一种大度。忍耐也并不是妥协，而是一种胜利。在生活中，学会审视一下自己，我们根本没有理由对周围的一切都那么苛刻，要学会忍耐，这样会让生活变得更加轻松。

1832年，毕业于哈佛大学的林肯失业了，这显然使他很伤心，但他下定决心要当政治家，当州议员。糟糕的是，他竞选失败了。在一年里遭受两次打击，这对他来说无疑是痛苦的。接着，林肯着手自己开办企业，可一年不到，这家企业又倒闭了。在以后的17年间，他不得不为还企业倒闭时所欠的债务而到处奔波，历经磨难。

随后，林肯再一次决定参加竞选州议员，这次他成功了。他内心萌发了一丝希望。认为自己的生活有了转机：“可能我可以成功了！”

1835年，他订婚了。但离结婚的日子还差几个月的时候，未婚妻不幸去世。这对他精神上的打击实在太大了，他心力交瘁，数月卧床不起。1836年，他得了精神衰弱症。

1838年，林肯觉得身体良好，于是决定竞选州议会议长，可他失败了。1843年，他又参加竞选美国国会议员，但这次仍然没有成功。林肯虽然一次次地尝试，但却是一次次地遭受失败：企业倒闭、情人去世，竞选败北。要是你碰到这一切，你会不会放弃？放弃这些对你来说是重要的事情？

林肯没有放弃，他也没有说："要是失败会怎样？"1846年，他又一次参加竞选国会议员，最后终于当选了。两年任期很快过去了，他决定要争取连任。他认为自己作为国会议员表现是出色的，相信选民会继续选举他。但结果很遗憾，他落选了。因为这次竞选他赔了一大笔钱，林肯申请当本州的土地官员。但州政府把他的申请退了回来，上面指出："做本州的土地官员要求有卓越的才能和超常的智力，你的申请未能满足这些要求。"

接连又是两次失败。在这种情况下你会坚持继续努力吗？你会不会说"我失败了"？然而，林肯没有服输。1854年，他竞选参议员，但失败了；两年后他竞选美国副总统提名，结果被对手击败；又过了两年，他再一次竞选参议员，还是失败了。

林肯一直没有放弃自己的追求，他一直在做自己生活的主宰。1860年，他当选为美国总统。

亚伯拉罕·林肯在竞选参议员失败后曾说过这样一句话："此路艰辛而泥泞。我一只脚滑了一下，另一只脚也因而站不稳；但我缓口气，告诉自己'这不过是滑一跤，并不是死去而爬不起来'。"确实，一次失败并不会让你一无所有，相反，因为内心的忍耐力，会让你得到了宝贵的经验去开始下一次尝试。

因此，我们可以说，忍耐枯燥与痛苦是成功的必经之路。人生不可能是一帆风顺的，总会有这样或那样的挫折与困难，在这个过程中，就需要我们去忍耐这个战胜挫折过程中的枯燥与痛苦，甚至是失败。这一切都需要忍耐，如果没有坚强的意志力，就难以忍受，最后就不能获得成功。

如果你想赢得成功，就不得不忍耐这路程中的枯燥与痛苦，失败与辛酸，在忍耐之后继续奋斗，这样你才有力气走到最后，才能走向通往成功的路途。

每天为自己上一堂反省课

生活中，我们周围的每一个人都是一个单独的个体，人与人之间虽然没有优劣之分，但每个人却各有优点与不足，对于追求卓越和成功的人来说，你若能及时发现自己的问题，扬长避短，并加以改进，那么便能更好地成长，很多成就卓著的人士的成功，首先得益于他们充分了解自己的长处，知道自己的短处，然后根据自己的特长来进行定位或重新定位。

有人说“成功时认识自己，失败时认识朋友”固然有一定的道理，但归根结底，我们认识的都是自己。无论是成功还是失败，都应坚持辩证的观点，不忽视长处和优点，也要认清短处与不足。同时，自我反省、认清自己还能帮助我们做回自我，只有这样，才能获得重生。

爱因斯坦小时候是个十分贪玩的孩子，他的母亲常常为此忧心忡忡。母亲的再三告诫对他来说如同耳边风。直到16岁那年的秋天，一天上午，父亲将正要去河边钓鱼的爱因斯坦拦住，并给他讲了一个故事，正是这个故事改变了爱因斯坦的一生。

父亲说：“昨天我和咱们的邻居杰克大叔去清扫南边的一个大烟囱，那烟囱只有踩着里面的钢筋踏梯才能上去。你杰克大叔在前面，我在后面。我们抓着扶手一阶一阶地终于爬上去了，下来时，你杰克大叔依旧走在前面，我还是跟在后面。后来，钻出烟囱，我们发现了一件奇怪的事情：你杰克大叔的后背、脸上全被烟囱里的烟灰蹭黑了，而我身上竟连一

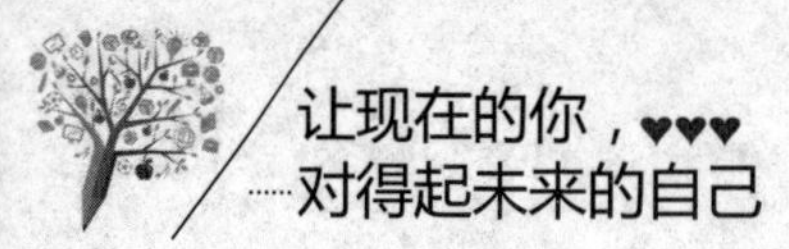

点烟灰也没有。”

爱因斯坦的父亲继续微笑着说：“我看见你杰克大叔的模样，心想我一定和他一样，脸脏得像个小丑，于是我就到附近的小河里去洗了又洗。而你杰克大叔呢，他看我钻出烟囱时干干净净的，就以为他也和我一样干干净净的，只草草地洗了洗手就上街了。结果，街上的人都笑破了肚子，还以为你杰克大叔是个疯子呢。”

爱因斯坦听罢，忍不住和父亲一起大笑起来。父亲笑完后，郑重地对他说：“其实别人谁也不能做你的镜子，只有自己才是自己的镜子。拿别人做镜子，白痴或许会把自己照成天才的。”

的确，正如爱因斯坦的父亲所说，我们只能做自己的镜子，照出真实的自我。先哲说：“人生的真谛在于认识自己，而且是正确地认识自己。”许多教育家认为，一个人的反思意识应从小培养，因此，尚处于人生积累阶段的年轻人，也应当从现在起，培养自己的反省意识。

而事实情况是，日常生活中，我们既不可能每时每刻去反省自己，也不可能站在一定的高度、以局外人的身份来观察自己，于是，我们只能以外界信息和他人的眼光来认识自己，于是，我们的思维很容易受到外界信息的暗示，我们常常会迷失自己。

生活中的我们，也应该安静下来问自己，我们到底是在不断提升自己，还是只顾面子，不肯跟自己“摊牌”呢？或许有正直不阿的指导者，曾经指出你身上存在的问题或闪光点，但可能你根本不愿意承认这点，因为你不愿意让他人看透自己。

事实上，反省无时无地不可为之，也不必拘泥于任何形式，不过，人在事物繁杂的时候很难反省，因为情绪会影响反省的效果。你可在深夜独处的时候反省，也就是在心境平静的时候反省——湖面平静才能映现你的倒影，心境平静才能映现你今天所做的一切！

当然，真正有效的反省都是在头脑清醒的情况下进行的，正如哲学家尼采所说的：“不要在疲惫不堪的时候反省自己，这并非因为你冷静地

反省了自己，你只是累了。在疲劳时进行反省，乃是郁闷设下的陷阱。”他这句话的含义是，一个人在结束了一天的生活和工作后，会不由自主地回顾当天的生活。此时，你会关注到自己和他人的行为，就会从中发现一些令你不愉快的部分，你就会变得郁郁寡欢，这种情绪的产生可能是因为你认为自己是无能的，你也可能认为他人是可恨的，最终，你会伴随这样一些负面情绪睡去。很明显，此时的反省不是有效的，你只是疲惫了，此时，你该做的就是休息，等身心放松了再进行反省，你会更平和地看待问题。

至于反省的方法，要做到因人而异，有人写日记，有人则静坐冥想，只在脑海里把过去的事放映出来检视一遍。不管你采用什么样的方式，只要真正有效就行，自省也不能流于一种形式，每日看似反省，但找不出自己的问题，甚至对错不分，那就很值得注意了。

那么，每天你又应该反省些什么呢？是不是专门跟自己过不去？不！以下几个方面就值得你自省：

人际关系。你今天有没有做过什么对自己人际关系不利的事？你今天与人争论，是否也有自己不对的地方？你是否说过不得体的话？某人对你不友善是否还有别的原因？

做事的方法。反省今天所做的事情，处事是否得当，怎样做才会更好……

生命的进程。反省自己至今做了些什么事，有无进步？是否在浪费时间？目标完成了多少？

如果你坚持从这三个方面反省自己，那一定可以纠正自己的行为，把握行动的方向，并保证自己不断进步。

要成为一个有自我反省能力的人，你一定要做到自我否定，就是要勇于认错。每个人都会有错误和缺点，有了错误，主动接受批评和自我批评，认真反省自身缺点，从而不断改进自己、升华自己。那么，生活中的人们，你有反省的习惯吗？若没有趁早培养吧，它能修正你做人处事的方法，给你指引明确的方向……

总之，反思自己是一件痛苦的事情，会反思是一种智慧，对于那些更喜欢跻身于人群中的人来说，你有必要反思自我，思考自己的得失功过，只有这样，你才不至于迷失自我。

人生再艰难，也要有志向

自古至今，大凡成功者，无不具备一项品质，那就是拥有不被打倒的意志力。他们总是满怀希望，因此，即使他们跌倒了，还是会爬起来，跌倒一百次，他们会爬起来一百次，终有一天，他们取得了胜利的果实。的确，每件存在的事物在开始时只不过是一个想法。“不可能”背后隐藏的巨大成功，只青睐那些充满激情、意志坚定的人。失误、失败并不可怕，关键在于如何从失败中奋起，反败为胜。只要你坚持下去，不可能也会变为可能。

所以，我们每个人都应该记住，任何时候都不要放弃志向和自己的希望，哪怕处于人生的绝境中，只要你抱有希望，就能绝处逢生。

1906年11月，本田宗一郎出生在日本荒僻的兵库县的一个贫穷家庭。由于家庭贫穷，9个孩子中有5个因营养不良而早夭。

本田在上学的时候非常喜欢逃课，这让他的父亲伤透了脑筋。用本田自己的话说“那种正规的教育真是让人厌恶”！但是，对于学校的实验课，他却非常喜欢，所以他经常选课去别的班级上他们的实验课。早期的这种富于探索的精神，为他以后的事业奠定了良好的基础。

后来，本田创立了自己的摩托车制造公司。当时摩托车行业几乎趋于饱和了，但是他没有畏惧，依然硬生生挤了进去。在5年内，他打败了250个竞争对手，实现了儿时制造更先进的摩托车的梦想。当然，这期间，他经历了一系列失败。

当本田成功的时候，他说："回首我的工作，我感到我除了错误，一系列失败、一系列后悔外什么也没有做。但是有一点使我很自豪，虽然我接连犯错误，但这些错误和失败都不是同一原因造成的。这使我在失败中学到了很多东西。"

本田总结道："企业家必须善于瞄准不可能的目标和拥有失败的自由。"这句话言简意赅地阐明了做大事的人所必须拥有的心态，对很多人产生了深远的影响。

本田的成功经历告诉我们，人生没有一帆风顺的，经历一些挫折和失败并不可怕，可怕的是因为害怕而放弃了希望。只有那些把挫折和失败当成动因并从中学到一些东西的人，才会接近成功。因为心态是决定事业成功的奠基石，未来的路我们谁都无法预料，我们能做的就是放平心态，锁紧目标，攻克形形色色的困难。

世界上没有任何事情是不可能的，如果你有成就事业的强烈愿望，你已经成功了一半，剩下的就是用你的心去实现它了。

在许多时候，成功者与平庸者的区别，不在于才能的高低，而在于有没有勇气。有足够勇气的人可以过关斩将，勇往直前，平庸者则只能畏首畏尾，知难而退。爱默生说："除自己以外，没有人能哄骗你离开最后的成功。"柯瑞斯也说过："命运只帮助勇敢的人。"

当然，要想摆脱困境，还需要你做好计划，加以实施。拿破仑曾经说过："想得好是聪明，计划得好更聪明，做得好是最聪明又最好！"任何伟大的目标、伟大的计划，最终必然落实到行动上，成功开始于明确的目标，成功开始于心态，但这只相当于给你的赛车加满了油。弄清楚前进的方向和路线，要抵达的目的地，还得把车开动起来，并保持足够的动力。

不管你决定做什么，不管你为自己的人生设定了多少目标，决定你成功的永远是你自己的行动。只有行动赋予生命以力量，只有你的行动，决定你的价值。

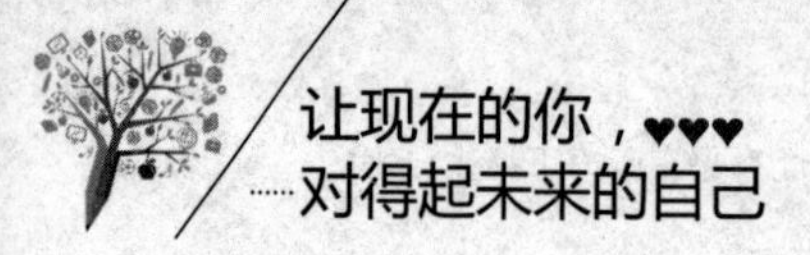

从沙子到珍珠的蜕变过程

在我们的生活中，我们经常看到耀眼夺目的珍珠，但其实我们不曾想到的是，珍珠，原本只是一粒沙子，只是在岁月的打磨和风雨的洗礼之后，它才蜕变成了珍珠。我们先来看下面的故事：

很久很久以前，有一个养蚌人，他想培育一颗世界上最大最美的珍珠。

他去大海的沙滩上挑选沙粒，并且一颗一颗地问它们，愿不愿意变成珍珠。那些被问的沙粒，一颗一颗都摇头说不愿意。养蚌人从清晨问到黄昏，得到的都是同样的答案，他快要绝望了。

就在这时，有一粒沙子答应了。因为，它一直想成为一颗珍珠。

旁边的沙粒都嘲笑它，说它太傻，去蚌壳里住，远离亲人和朋友，见不到阳光、雨露、明月、清风，甚至还缺少空气，只能与黑暗、潮湿、寒冷、孤寂为伍，多么不值得！

那颗沙子还是无怨无悔地随养蚌人去了。

斗转星移，几年过去了，那粒沙子已经长成了一颗晶莹剔透、价值连城的珍珠，而曾经嘲笑它的那些伙伴们，有的依然是海滩上平凡的沙粒，有的已化为尘埃。

如果说这世上有“点石成金术”的话，那就是“艰辛”。你忍耐着，坚持着，当走完黑暗与苦难的隧道之后，就会惊讶地发现，平凡如沙子的你，不知不觉中已长成了一颗珍珠。

我们每个人都知道，世界上没有一件有价值的东西可以不通过辛勤劳动而获得，不吝惜自己汗水的人，也必将会有丰厚的收获。一个成功者的成功之处就在于他总是比别人多付出一些，比别人多向前迈进一步。生活中的每个人，都是新时代的主人，可能现在的你衣食无忧，可能你还有某些特长，过着优越的生活，可能你会有个灿烂的未来，但你不能就此停滞不前，激烈的竞争要求你不断进步，而求知与不满足是进步的第一必需品。生命有限，维系成功的唯一法门在于不断地努力，在新的方向不断探寻、适应以及成长，这样，你将步入新的高度。

其实，不只是珍珠，在大自然中，很多植物都是历经艰辛，才展现出生命的多姿多彩的。比如，在环境严酷、灼热的沙漠里，一年也会下几场雨。有些植物趁着有雨，很快发芽、长叶、开花、结果，然后枯萎，生命过程只有短短的几周。它们在沙漠里顽强地生存，尽管生命短暂，但为了延续下去，只要有一点雨水，它们就要开花结果，把种子留在地表，以待来年下雨时再次发芽。

这说明，只有努力努力再努力，才不会辜负生命的意义。只有我们付出了所有的努力，才不会觉得遗憾。即使失败了，也是胜利者的感觉。如果我们没有付出不亚于任何人的努力，即使侥幸成功了，也一定会自责。

另外，一个人要想获得人生的幸福，那么每一天都应该勤奋工作。付出不亚于任何人的努力是一个长期的过程，只要坚持就一定能够获得不可思议的成就。事实证明，任何一个取得成功的人，都是因为他付出了超乎常人的努力。

当我们观察成功人士的环境时，会发现他们的背景各不相同。那些大公司的经理、著名的传教士、政府高级官员以及各行各业的知名人士都可能来自贫寒、破碎家庭、偏僻的乡村甚至贫民窟。这些人现在说是社会上的领导人物，但他们的成功无不是源于努力，并且是超乎常人的努力而获得的。

全世界最早的现代成功学大师和励志书籍作家、曾经影响美国两任总统及千百万读者的成功学大师拿破仑·希尔深知成功就是一连串的奋斗。对此他特意讲了一个故事：

“我最要好的朋友是个非常有名的管理顾问。一走进他的办公室，马上就会觉得自己‘高高在上’似的。办公室内各种豪华的摆设、考究的地毯、忙进忙出的人潮以及知名的顾客名单都在告诉你，他的公司的确成就非凡。但是，就在这家鼎鼎有名的公司背后，藏着无数的辛酸血泪。他创业之初的头六个月就把十年的积蓄用得一干二净，一连几个月都以办公室为家，因为他付不起房租。他也婉拒过无数的好工作，因为他坚持实现自己的理想。他也被顾客拒绝过上百次，拒绝他的和欢迎他的客户几乎一样多。就在整整七年的艰苦挣扎中，我没有听他说过一句怨言，他反而说：‘我还在学习啊。这是一种无形的，捉摸不定的生意，竞争很激烈，实在不好做。但不管怎样我还是要继续学下去。’他真的做到了，而且做得轰轰烈烈。我有一次问他：‘把你折磨得疲惫不堪了吧？’他却说；‘没有啊！我并不觉得那很辛苦，反而觉得是受用无穷的经验。’看看‘美国名人榜’的生平就知道，这些功业彪炳千秋的伟人都受过一连串的无情打击。只是因为他们都坚持到底，才终于获得辉煌成果。”

拿破仑希尔正是希望通过这个故事，告诉生活中的人们，天下没有不劳而获的事，成功需要一连串的奋斗，不管遇到什么困难和挫折，不忘时刻积累经验、总结教训，做到不断学习的话，那么，即使失败，你也可更上一层楼，你一定可以实现你的理想。

反观那些付出了很多努力，到最后一刻功亏一篑的，也大有人在，不禁让人觉得惋惜。

世界著名游泳女运动员弗洛伦丝·查德威克在1950年横渡英吉利海峡后，想再创奇迹，便从卡德林那岛游向加利福尼亚海滩。当她在海水中拼搏了60多个小时后，由于大雾弥漫，她看不到近在一英里处的海岸，她觉得疲倦极了，便上了小艇，终致功亏一篑。她说，如果当时能看到海岸，她就一定有信心和力量游向终点。

可见，我们任何人，都要形成勤奋努力的习惯。因为只有努力奋斗才会充实你的人生，这就是你的人生不断增值的砝码。

人生路上，始终保持心境的平和

生活中，我们常祝愿他人“万事如意”，但这也只是我们美好的愿望，事实上，世事多变，雨雪风霜，人生中有许许多多我们始料不及的事情，但如果我们希望成就一番事业，就必须做到内心淡定，始终朝着目标前进。很多成功者在种种经历后，回望身后的辛酸血泪之路，都会发现，真正内心淡定的人才是最后的赢家。

《孔子家语》里记载：

一天，在众随从的陪同下，楚王出游，半路，他丢了弓，随从说要去找，但楚王却说；“不必了，我掉的弓，我的人民会捡到，反正都是楚国人得到，又何必去找呢？”

后来，孔子听说此事，很感慨地说：“可惜楚王的心还是不够大啊！为什么不讲人掉了弓，自然有人捡得，又何必计较是不是楚国人呢？”

“人遗弓，人得之”应该是对得失最豁达的看法了。就常情而言，人们都是有喜怒哀乐的，在得到一些利益或者遇到愉悦之事时，他们大都会喜不自胜，甚至得意扬扬；而遇到失意之时，却表现出懊恼、痛苦的情绪。而那些内心豁达的人却能看淡得失、功过荣辱，无论遇到什么，他们都能心平气和、冷静对待。

其实，人的一生正是因为磨难的出现才精彩。百无聊赖的人生，感受不到成功的喜悦，最终得到的是冰冷的失落。不曾遭遇失意和痛苦，欢乐和幸福，只能是表面的，脆弱的；经历磨难，而不能泰然处之，也就永远不会真正地、深沉地实现辉煌的人生。

对于追求成功的人来说，我们难免会遇到一些痛苦、挫折、磨难，对此，我们都应该从容面对，当你困于这种“不如意”之中，终日惴惴不安，那生活就会索然无味。与之相反，如果你能以平和的心态面对，把那些磨难当成人生中的小插曲，那么，灿烂的主旋律必定会为你奏响。

一位很有名气的心理学教师，一天，给学生上课时拿出一只十分精美的咖啡杯，学生们正在赞美这只杯子的独特造型时，教师装出失手的样子，咖啡杯掉在水泥地上成了碎片，学生中发出了惋惜声。教师指着咖啡杯的碎片说："你们一定对这只杯子感到惋惜，可是这种惋惜也无法使咖啡杯再恢复原形。今后当生活中发生了无可挽回的事时，请你们记住这破碎的咖啡杯。"

这是一堂很成功的素质教育课。它告诉我们每个人，最重要的是，困难是无法避免的，任何惋惜与沉沦都改变不了现状，唯有征服可以。

因此，面对失败，你必须选择你的态度：是消极被动地害怕和逃避，还是积极主动的面对和接受？若我们持消极态度，那么，你将被局面控制，而积极主动，则能控制局面。如果你希望通过自己的努力使自己的能量一点点变得强大，同时让自己变得更完美，就必须选择积极主动的态度，那么，逆境这朵"浮云"自然会被你驱赶出心灵的天空。

从前，有一个农夫，靠驴拉货为生，有头驴跟了他十几年，已经年迈。一天，在运货过程中，这头驴不小心掉进了猎人挖的坑中，农夫想尽办法救驴出来，但都无济于事，最后，农夫不得不放弃，他想他为什么要大费周折地去救这头年迈的驴子呢？农夫便打算用泥土埋了它，免除它的痛苦。

后来，那位农夫叫邻居来帮忙，他们就用铁铲挖起泥土扔进枯井里。这头驴似乎很聪明，它意识到厄运的降临，便不再发出那凄惨的叫声，人们惊讶地发现那头驴子没有叫出声音：那头驴子把那些将要埋葬它的泥土用身体抖落，然后踩在泥土上。

这样，人们挖土扔在它的身上，它就把泥土抖落下继续踩在脚下，很快，驴子的身体一节节地靠近井口，并到达了井口。人们惊讶地注视着这头驴子。驴子便悄悄地离开了注视它的人群。

这个寓言故事中，如果这头驴听从命运的安排它可能已经被活埋了。幸好驴子用智慧逃离了厄运。

其实，在生活中，那些你遇到的困难和挫折就好比压在人们身上的“泥沙”，只要以锲而不舍的精神将它抖落掉，然后站上去，“泥沙”就变成了成功道路上的垫脚石。

所以说，没有经历过失败的人生是不完整的人生。敢于把困难踩在脚下的人才是真正的英雄，成功属于他们。

的确，宠辱不惊的人在面对生活的快意和失意之时都会有一种淡然的心态。会懂得如何对待与处理问题。

首先，他会明确自己的生存价值，能够以这样的格言来勉励自己：“由来功名输勋烈，心中无私天地宽。”一个人若心中无过多的私欲，又怎会患得患失呢？

其次，他会认清自己所走的路，不过分在意得失，不过分看重成败，不过分在乎别人对他的看法。他会坚信：只要自己努力过，只要自己曾经奋斗过，做了自己喜欢做的事，心是还有什么放不下呢？诚然，有时候，我们会遭遇一些厄运，但除了认清事实、勇敢接受外，我们还必须努力改变现状，争取走出困境，赢取美好的生活。当然这必定是个经受痛苦的过程，因此，保持一颗平常心就尤为重要，否则，人就会永远在痛苦中打转，找不到解脱的光明之路。

人的一生，会遇到成功，也会遇到失败，有一帆风顺的惬意，也有遭受挫折的沮丧，有不期而至的欣喜，也有排遣不去的惆怅，曲曲折折，是是非非，如何面对，关键是心态问题，适时调整好自己的心态，真正做到去留无意，也不是一句话的问题。

首先，我们需要拥有一颗感恩的心，善于发现事物的美好，感受平凡中的美丽，那我们就会以坦荡的心境，豁达的胸怀来应对生活中的每一份酸甜苦辣，让原本平淡乏味的生活焕发出迷人的色彩，那么，你会发现，磨难与逆境也不过是飘来的“浮云”。其实，挫折也是人生的一笔财富。

没有挫折的人生，从某种意义上来说是黯然失色的。说“挫折是人生的财富”，最主要的一点是挫折会让我们变得聪明，变得坚强，变得成熟，变得完美。当然，这首先需要我们经得住挫折。

最后，我们需要拥有一颗平常心。人生不可能总是大红大紫，不可能总是处于巅峰状态，也有可能处于低谷，也可能遭遇不顺，这就是人生。但总的来说，人生是平淡的，对待平淡的人生，我们也应该让自己的心静下来。懂得了这个道理，得意时你才不至于猖狂；失意时，你才不至于绝望；孤独时，你才不会心情惆怅。

总之，如你能在荣辱面前泰然处之，在思想修养和意志磨炼上下功夫，勤勤恳恳工作、实实在在做人，便能做到“荣辱不惊，闲看门前花开花落，去留无意，漫随天外云卷云舒”。有更深更新的感悟，漫漫人生，必将省去许多烦恼，增添几多欢乐。

不要为自己找任何放纵的借口

任何社会中的人，都存在强弱之分，但更普遍的是强者更强，弱者更弱，弱肉强食。为什么会这样呢？因为弱者很多时候并不是努力充实自己，让自己变强，而是花费太多的时间抱怨，抱怨命运的不公。他们可能不明白，绝对的不公平是不存在的，能力强才是硬道理。因此，既然我们没有办法选择社会环境，为什么不选择改变自己呢？因此，我们与其抱怨，不如努力提高自己，为自己在未来的竞争中处于优势而提前练好功力，这才是正道。功力都不想练，却想成为赢家，天下有这样的美事吗？

所以，我们需要记住的是，在如今竞争激烈的现代社会，面对压力，我们无论如何也不要为自己找懈怠的理由，而应该勤奋努力，朝更高的目标奋进。

有位名不见经传的年轻人，第一次参加马拉松比赛就获得了冠军，而且还打破了世界纪录。

当他冲过终点时，记者蜂拥而上，不断地追问：“你这么会取得这么好的成绩？”

年轻人气喘吁吁地回答：“因为我的身后有一匹狼。”

所有人听后都惊恐地回头张望，但并没看到他身后有什么可怕的东西。

这时他继续说：“三年前，我在一片山林间训练长跑，每天凌晨教练喊我起床练习，即使我用尽全力，也总是没有进步。”

“有一天清晨，在训练途中，我忽然听到身后传来狼的叫声，刚开始声音很远，可是没几秒钟它就已经来到我的身后。当时我吓得不敢回头，只知道拼命奔跑逃命。于是，那天我的速度居然是最快的。”

年轻人顿了顿，又说：“回来后教练跟我说：‘原来不是你不行，而是你身后少了一匹狼！’我这才知道，原来根本没有狼，是教练伪装出来的。从那以后，只要训练时，我就想着自己身后有一匹狼正在追赶，包括今天的比赛，那匹狼仍然在追赶着我，我必须战胜它！”

我们每个人都和这位年轻人一样，有着自己的人生目标。可是，我们的身后有“狼”吗？这只狼实际上就是压力。如果在人生路上毫无压力、过于安逸，那么，我们注定平淡、碌碌无为，如果有只“狼”在身后追赶着我们前进，我们势必会攀上人生的高峰。

生活中的人们，可能现在的你每天为生活奔波，生活、工作压得你喘不过气来，你开始抱怨生活、抱怨上司、抱怨家人。而其实，有压力，才有动力，压力带给我们的不仅仅是痛苦和沉重，还能激发我们的潜能和内在激情，让我们的潜能得以开发。如果说，人一生的发展是不易反应的药物，那么压力就是一剂高效的催化剂。它不是鼓励你成功，而是逼迫你成功，让你没有选择不成功的余地。他带给人的，不仅仅是痛苦，更多的则是一种对生命潜能的激发，从而催人更加奋进，最终创造出生命的奇迹。

一个刚毅的人就好像为自己寻找到一个心灵的保护伞，有了这个保护伞，他都是无惧的。无论是奋斗还是人生的路上，都并非一帆风顺，有失才有得，有大失才能有大得，没有承受失败考验的心理准备，闯不了多久就要走回头路了。

纵观历史，你会得出这样一个结论——成功者无一不是战胜失败后而获得成功的。事实上，人的意志力的力量是强大的，可能我们对于自己能够变得多么坚强都毫无概念！大多数的人能够承受超过我们所认为的压力。每一个人的内在都有无限的潜能，但除非你知道它在哪里，并坚持用它，否则毫无价值。世界著名的大提琴演奏家帕柏罗卡沙成名之后，仍然每天练习6小时。有人问他为什么还要这么努力，他的回答是“我认为我正进步之中。”

当然，凡事都有度，我们也要将压力控制在一定的范围内，因为人生就像一根弦，太松了，弹不出优美的乐曲；太紧了，又容易断裂。唯有松紧合适，才能奏出舒缓且优雅的乐章。适当的压力，不仅是我们成长的必备养分，也是成就我们亮丽人生的重要元素！

参考文献

［1］特立独行的猫. 不要让未来的你，讨厌现在的自己［M］. 武汉：武汉出版社，2014.

［2］连山. 将来的你，一定会感谢现在拼命的自己［M］. 北京：中国华侨出版社，2015.

［3］阿尔法. 别让现在的心态毁了未来的自己［M］. 北京：中国言实出版社，2014.

［4］毕淑敏. 你要学着自己强大［M］. 北京：北京联合出版社，2015.

［5］夏沫. 预见未来的自己［M］. 北京：中国商业出版社，2015.